“十三五”国家重点图书出版规划：重大出版工程
中国人工智能自主创新研究丛书

国家科学技术学术著作出版基金资助出版

类脑模型研究及应用

韩力群　著

北京邮电大学出版社
www.buptpress.com

内 容 简 介

本书在国内外关于脑模型与智能机已有研究成果的基础上，在脑科学、神经科学等新进展、新成果的启发下，从生物控制论和大系统控制论的观点出发，对人脑的全局脑结构、整体脑功能进行体系结构分析，突出信息处理的智能特性，淡化信息处理的生理特性，从而提出模拟人脑结构和功能的三中枢自协调类脑模型的总体方案。本书提出用感知中枢、思维中枢和行为中枢实现类人的感知智能、思维智能和行为智能，并给出3种类脑中枢的建模、调控与实现方案。本书采用大系统协调控制方法实现人工左、右脑协调以及三中枢的自协调，并给出类脑思维中枢和人工胼胝体的左、右脑协调方案。本书还介绍了三中枢自协调类脑模型研究成果的应用案例。

本书可供从事人工智能、控制科学与工程、计算机科学与技术、机器人学等研究领域的研究者和工程技术人员参考，也可作为高校相关学科研究生的参考用书。

图书在版编目(CIP)数据

类脑模型研究及应用 / 韩力群著. -- 北京：北京邮电大学出版社，2022.7(2024.7 重印)
ISBN 978-7-5635-6657-0

Ⅰ.①类… Ⅱ.①韩… Ⅲ.①人工智能－研究 Ⅳ.①TP18

中国版本图书馆 CIP 数据核字(2022)第097216号

策划编辑：刘纳新　姚　顺　**责任编辑**：王小莹　**责任校对**：张会良　**封面设计**：七星博纳

出版发行：北京邮电大学出版社
社　　址：北京市海淀区西土城路10号
邮政编码：100876
发 行 部：电话：010-62282185　传真：010-62283578
E-mail：publish@bupt.edu.cn
经　　销：各地新华书店
印　　刷：河北虎彩印刷有限公司
开　　本：720 mm×1 000 mm　1/16
印　　张：11.75
字　　数：235千字
版　　次：2022年7月第1版
印　　次：2024年7月第2次印刷

ISBN 978-7-5635-6657-0　　定价：48.00元

·如有印装质量问题，请与北京邮电大学出版社发行部联系·

《中国人工智能自主创新研究丛书》总序

人工智能是**以自然智能(特别是人类智能)为原型,探索和研究具有智能水平的人工系统,为人类提供智能服务的学科**。毫无疑问,这在整个人类科学研究发展的进程中,是一个前所未有的历史性巅峰。

2016年,人工智能在全球范围内"火"起来了!

2017年,国务院印发的《新一代人工智能发展规划》提出了我国人工智能发展三步走的战略:2020年前我国人工智能研究达到与国际同步的水平,到2025年实现人工智能基础理论的重大突破,到2030年人工智能理论、技术与应用总体达到世界领先水平。

2018年,习近平总书记提出:要加强基础理论研究,支持科学家勇闯人工智能科技前沿的"无人区",努力在人工智能发展方向和理论、方法、工具、系统等方面取得变革性、颠覆性突破,确保我国在人工智能这个重要领域的理论研究走在前面、关键核心技术占领制高点。

可以看出,党和国家对人工智能的研究,特别是对人工智能基础理论的研究给予了极大的关注:只有实现了人工智能基础理论的重大突破,我国的人工智能才能实现领跑世界的目标。

回顾科学技术发展的历史,从工业革命至今的数百年间,我国科学研究总体上处于引进、学习、跟踪的地位。那么,怎样才能做到"勇闯无人区,取得变革性、颠覆性突破,确保我国在人工智能这个重要领域的理论研究走在前面"呢?

值得庆幸的是,在引进、消化、吸收、跟踪、学习的主流之下,我国确有一些具有整体科学观和辩证方法论素养以及自主创新精神的学者,长期以来坚韧不拔地在人工智能基础理论研究领域艰辛探索,勤奋耕耘。

他们敏锐地注意到:人工智能学科整体被"分而治之"方法论分解为结构主义的人工神经网络、功能主义的专家系统、行为主义的感知动作系统三大学派,无法实现统一;同时,人工智能研究的信息、知识、智能被“纯粹形式化”的方法摒弃了内容和价值因素,使人工智能系统的智能水平低下。

由此他们认识到:传统科学的方法论(连同它的科学观)已经不适合人工智能理论研究的需要,人工智能需要新的科学观和方法论。这正是自主创新的最重要立足点。

他们不甘心跟在国际人工智能研究的主流思想后面随波逐流。他们顽强地坚持“整体论的科学观”和“辩证论的方法论”思想,独立自主地展开人工智能基础理论研究。经过几十年的艰苦努力,他们先后创建了一批体现整体观和辩证论精神,极富创新性和前瞻性的人工智能学术成果。

《中国人工智能自主创新研究丛书》的出版目的,就是通过展示这些科技工作者在人工智能基础理论领域取得的变革性、颠覆性突破和开辟崭新理论空间的杰出成就,弘扬我国学者在人工智能科技前沿领域自主创新的奋斗精神。丛书的成功出版可以证明,**中国科技工作者有志气、有能力在当代最重要的科技前沿驾驭和引领世界学术大潮,而不再仅是学习者和跟踪者。**

《中国人工智能自主创新研究丛书》的撰写、编辑和出版,得到了我国科技工作者的强烈反响,得到了北京邮电大学出版社的大力支持。在此,丛书编委会表示由衷的感谢。

根据作者们完稿的先后顺序,丛书编委会将分批推荐这些优秀的自主创新学术著作出版,与广大读者共同分享。

丛书编委会也将继续与北京邮电大学出版社和作者们一起,共同为出版、传播我国信息科技领域(包括信息、智能、量子等科技领域)的创新成果而努力,为实现我国“两个一百年”奋斗目标做出积极的贡献。

《中国人工智能自主创新研究丛书》编委会

(钟义信执笔)

2020年冬日

前　言

经过长期的生物进化、自然选择和优胜劣汰后，在地球上已知的生物群体中，人为万物之灵，而“灵”的核心是思维与智能。长期以来，脑科学家想方设法地了解和揭示人脑的工作机理和思维的本质，人工智能科学家则探索如何构造出具有类脑智能的人工智能系统，以模拟、延伸和扩展人脑功能，完成类似于人脑的工作。因此，识脑和类脑分别是脑科学和人工智能的基本目标。一方面，识脑是类脑的基础，人工智能理论方法与实现技术的研究开发可从脑科学的进展和成果获得启示；另一方面，类脑可为识脑提供先进的技术模型与仿真平台。

脑模型与智能机的原型都是人脑或其他生物脑，因此，具有不同智能水平的智能机与基于各种脑信息处理机制的脑模型，均可视为不同类型的人工脑。国内外在人工智能、人工神经网络、模式识别、智能系统、生物控制论、大系统控制论、人工情感、人工生命等领域进行了大量研究开发，取得了一系列研究成果和应用效果。为类脑建模工作的系统深入开展，积累了重要的科学技术基础与工程应用经验。但是，关于人工脑的已有研究成果还处于对局部脑结构、简单脑功能的模拟与仿真阶段，需要进一步研究全局脑结构、整体脑功能的模拟与仿真。

类脑模型是对生物脑（重点是人脑）的结构和功能的模拟、延伸或扩展。类脑模型的研究开发具有重要的科学意义和应用价值，不但有助于推动人工智能、人工情感、人工生命、脑科学、神经科学等科学技术的新进展，促进生物科学与工程技术交叉融合的边缘学科的发展，而且可用于开发、设计和制造基于类脑模型的、具有人工智能和人工情感的新技术、新系统和新产品。

关于类脑模型的研究与开发，有以下 3 种重要途径。

第一种途径是仿生学途径，即基于脑科学、神经科学的生物原型，着重模仿生物脑的结构与神经机理，通过实验技术获取脑组织的动态生物学数据，利用信息处理技术研究这些数据序列中蕴含的神经基础和信息加工机制，从而给出某种脑模型假设。第二种途径是仿功能途径，即模拟脑的功能和行为，将生物脑与计算机都看作物理符号系统，因此可基于物理符号系统的理念，用计算机模拟脑的功能和行为，研究开发各种类脑智能信息处理系统，早期的人工智能主要采用这种研究途径。第三种途径是以认知心理学为核心，探索心智建模的认知体系结构。认知通常包括人脑的感知与注意、知识表示、记忆与学习、语言、问题求解和推理等方面。认知建模的目的是探索和研究人的思维机制，特别是人的信息处理机制，为设计相应的人工智能系统提供新的体系结构和技术方法。

本书第 1 章简要回顾了脑科学、人工智能、认知心理学、控制论等相关领域的识脑与类脑模型研究工作，分析了面向工程应用的类脑研究中存在的主要问题。第 2 章对脑科学的发展及其研究成果进行了综述，并从认识脑的角度对类脑智能系统的生物原型——人脑高级中枢神经系统的基本形态和功能做了简要介绍，较详细地论述了脑功能成像技术及其脑“解读”的研究情况。第 3 章对人脑高级中枢神经系统进行了体系结构分析、抽象和简化，突出了信息处理的智能特色，淡化了信息处理的生理特色，从而构建了在体系结构和功能上借鉴人脑高级中枢神经系统的三中枢自协调类脑模型，以及类脑系统调控机制的总体建模方案。第 4 章分析了人脑感觉系统的信息处理机制，给出了 3 层结构的感觉信息处理模型，并以视觉信息处理为核心，阐述了人工视觉系统的研究背景，提出了一种基于仿生的视觉系统研究方案。第 5 章在分析思维中枢生物原型的两个重要特点的基础上，分别提出了思维中枢中类右脑模型和类左脑模型的建模方案。第 6 章分析了人体肌体运动调控系统的结构、机制及功能，提出了基于运动调控系统简化模型的行为中枢模型。第 7 章分析了人脑神经系统协调机制的特点，在此基础上，提出了类脑智能系统的三中枢自协以及思维中枢的左、右脑自协调的设计思路和实现方案。第 8 章阐述了类脑智能系统在烤烟烟叶分级系统、皮革智能配皮系统以及软件人建模中的应用情况。

本书是作者关于三中枢自协调类脑模型研究及应用工作的思考与总结。敬请各位专家学者批评指正，并希望本书能引起相关学科领域的广大年青朋友们的兴趣和关注，让更多的人加入类脑信息处理的研究行列。

作　者

目　　录

第1章 绪　论

人脑是人类智能的物质基础，是人类生命活动的信息中心与控制中心，因此，人脑也是人工智能研究和模拟的核心。

人类具有高度发达的大脑，大脑是思维活动的物质基础，而思维是人类智能的集中体现。长期以来，脑科学家不断努力揭示大脑的结构和功能、演化来源和发育过程，以及神经信息处理的机制和思维活动的机理；人工智能科学家则努力探索如何构建具有类脑智能的人工系统，用以模拟、延伸和扩展脑功能，开发出能够完成类脑工作的新一代信息技术。因此，识脑和类脑分别是脑科学和人工智能科学技术的基本目标。一方面，识脑是类脑的基础，人工智能科学技术的创新要借助于脑科学的进展与突破；另一方面，类脑是识脑的工具，类脑模型可为识脑提供先进的仿真研究平台。

对类脑的研究与开发有以下 3 种重要途径。

第一种类脑的研究与开发途径是仿生学途径，即基于脑科学、神经科学的生物原型，着重模仿生物脑的结构与神经机理，通过实验技术获取脑组织的动态生物学数据，利用信息处理技术研究这些数据序列中蕴含的神经基础和信息加工机制，从而给出某种脑模型假设。由于这类研究的目的是进一步揭示人类脑的信息处理系统的结构与机制，进而解释脑的思维功能，因此要求所建立的脑模型在信息处理方面的行为尽量符合生物脑的特征。显然，这类研究成果不仅可为脑康复医学以及智力开发和教育培训提供重要的理论依据，还可为设计新的人工智能系统提供重要的生物学基础。

第二种类脑的研究与开发途径是仿功能途径，即模拟脑的功能和行为，将生物脑与计算机都看作物理符号系统，因此可基于物理符号系统的理念，用计算机模拟脑的功能和行为，研究开发各种类脑智能信息处理系统，早期的人工智能主要采用这种研究与开发途径。

第三种类脑的研究与开发途径是以认知心理学为核心，探索心智建模的认知体系结构。认知通常包括人脑的感知与注意、知识表示、记忆与学习、语言、问题求解和推理等方面，认知建模的目的是探索和研究人的思维机制，特别是人的信息处理机制，为设计相应的人工智能系统提供新的体系结构和技术方法。

在人工智能学界，类脑研究的仿生学途径常称为连接主义学派，主要成果有元胞自动机、人工神经网络模型、感知机、认知机、联想机、BP网络、Hopfield网络、深度神经网络，等等；类脑研究的仿功能途径常称为符号主义学派，主要成果有逻辑理论家(LT)、通用解题器(GPS)、LISP机、数据库机(DBM)、知识信息处理机(KIPS)、IBM“深蓝”，等等。二种途径各有侧重、各有长短，但其目标都是“类智能”。因此，应将类脑研究的结构模拟、功能模拟和认知模型三者相结合，研究开发具有类脑结构、类脑功能和类脑信息处理机制的全类脑模型。

1.1 类脑研究回顾

人类的大脑是生物演化的奇迹，是由数百种不同类型的上千亿的神经细胞所构成的极为复杂的生物组织。理解大脑的结构与功能是21世纪非常具有挑战性的前沿科学问题，是理解认知、思维、意识和语言的神经基础，也是人类认识自然与自身的终极挑战。

具有不同智能水平、能模拟生物脑结构与功能的各种脑模型和智能系统，均可视为类脑模型。20世纪40年代以来，人们已在人工神经网络、人工智能、模式识别、智能控制、生物控制论、大系统控制论、人工情感、人工生命等众多领域进行了大量关于类脑的前期探索，并取得了一系列进展和成果。上述领域的研究开发成果为类脑的进一步深入研究积累了重要的科学技术基础与工程应用经验。

1.1.1 脑科学研究

现代神经科学的起点是神经解剖学和组织学对神经系统结构的认识和分析。从宏观层面来看，Broca和Wernicke对大脑语言区的定位、Brodmann对脑区的组织学分割、Penfield绘制的皮层特定区域和人体之间的对应图、在活体进行任务时功能核磁共振成像检测到的脑内血流信号，等等，使我们对大脑各脑区可能参与的某种脑功能已有相当深的理解。由于每一个脑区的神经元种类多样，局部微环路和长程投射环路错综复杂，因此要理解神经系统处理信息的工作原理，必须先具有神经元层面的神经联结结构和电活动信息。20世纪在神经元层面从下而上的研究有了一些标志性的突破，如Cajal对神经系统的细胞基础及神经元极性结构和多样形态进行了分析，Sherrington给出了神经环路和脊髓反射弧的定义，Adrian发现神经信息以动作电位的频率来编码信息的幅度，Hodgkin和Huxley对动作电位离子机制进行了研究并发现了各种神经递质及其功能，Katz 和 Eccles 对化学突触传递进行了分析，Hubel 和 Wiesel 发现各种视觉神经元从简单到复杂的感受野特性，Bliss 和 Ito 等人发现突触的长期强化和弱化现象，O'Keefe 等人发现对特定空间定位有反应的神经元，等等，使我们对神经元如何编码、转导和储存神经信息有了较清楚的理解，但是对于这些神经元的特性是如何通过局部环路和长程环路产生的，我们的理解还十分有限。至于对环路中的神经信息如何产生感知觉、情绪、思维、抉择、意识、语言等各种脑认知功能的理解更为粗浅。问题的关键是，我们对脑功能相关的神经环路结构和神经信息处理机制的解析仍然远不清晰明了。

1.1.2 连接主义学派的类脑研究

1. 人工神经网络——基于神经细胞连接机理的类脑模型

以人工神经网络为代表的连接主义的出发点是对脑神经系统结构及其计算机制的初步模拟。连接主义学派研制了人工神经细胞、人工神经网络模型、脑模型，在模拟人脑的形象思维方面开辟了新的途径。人工神经网络从信息处理的角度对生物脑神经网络进行抽象，用数理方法建立某种类脑模型，但这种模型远不是人脑神经网络的真实写照，而只是对它的简化、抽象与模拟。但这种简化的类脑模型能反映人脑神经网络的基本特性，它们在模式识别、系统辨识、信号处理、自动控制、组合优化、预测预估、故障诊断、医学与经济学等领域，成功地解决了传统方法难以解决的实际问题，特别是在直觉和形象思维信息处理方面取得了良好的效果，具有拟人智能特性和广阔的应用前景。

神经细胞是构筑神经系统和人脑的基本单元，具有结构和功能的自组织、自协调特性，通过可塑的突触耦合实现神经细胞之间的连接和通信，组成有机的、复杂的神经网络和人脑。人工神经网络是由人工神经细胞的相互连接所组成的，能模拟生物神经网络结构，具有类似人的学习、联想、记忆和识别等智能信息处理功能，是基于神经细胞连接机理的类脑模型。

1943 年，W. Mcculloch 和 W. Pitts 在分析、总结生物神经细胞基本性能的基础上，首次提出了人工神经细胞模型，该模型被称为 MP 模型。20 世纪 50 年代末，F. Rosenblatt 研究制作了感知机(perceptron)，它是一种基于浅层人工神经网络的脑模型，其权值自学习能力引起了巨大关注，首次使人工神经网络从理论研究走向工程实践。当时，国际上许多实验室仿效制作感知机，感知机可分别用于文字识别、声音识别、声纳信号识别及学习记忆方面。但是，由于简单感知机在理论上具有局限性且受限于当时的电子技术条件，因此 20 世纪 60 年代其研究跌入低谷。20 世纪 60 年代初，B. Widrow 提出了自适应线性元件网络。20 世纪 70 年代，日本学者研制了认知机(cognitron)、联想机(associatron)。20 世纪 80 年代初期，美国物理学家 J. J. Hopfield 提出了全互联的 Hopfield 神经网络，给出了“旅行商”难题的最优结果。反向传播多层感知机 BP 神经网络的研究开发突破了简单感知机在理论上的局限性，引起了巨大的反响。人们重新认识到人工神经网络的潜力和应用价值，形成了 20 世纪 90 年代人工神经网络研究开发及应用的新高潮。

在辛顿提出深度神经网络和深度学习算法之后，随着 GPU 并行计算的推广和大数据的出现，在大规模数据上训练多层神经网络成为可能，从而大大提升了神经网络的学习和泛化能力。然而，增加层数的人工神经网络仍然是脑神经系统的粗糙模拟，且其学习的灵活性仍远逊于人脑。

在人工神经网络的研究中，大多数学者主要关心网络学习性能的提升。Poggio 及其合作者的工作是人工神经网络向更类脑方向发展的典范，特别是其在模仿人类视觉信息处理通路构建 HMAX 模型时进行的一系列工作。此外，Bengio 及其合作者融合了脑的基底神经节与前额叶的信息处理机制，提出了类脑强化学习，这也是在人工神经网络向更类脑的方向发展过程中有较大影响力的工作。加拿大滑铁卢大学 Eliasmith 团队提出的 SPAUN 脑模拟器是多脑区协同计算领域中的标志性工作。由 Hawkins 提出的分层时序记忆(hierarchical temporal memory)模型更为深度地借鉴了脑信息处理机制，主要体现在该模型借鉴了脑皮层的 6 层组织结构及不同层次神经元之间的信息传递机制、皮质柱的信息处理原理等。

2. 元胞自动机——基于神经细胞自进化自组织机制的类脑模型

1956 年，Von Neumann 在算法理论和信息理论综合研究的基础上，提出了元胞自动机(cellular automaton)，简称 CA。其后，S. Wolfram 对 CA 的基本性质做了更系统的阐述和进一步的拓展，可用于模拟自然生物系统与生命活动过程的自进化、自组织现象，如用数学生命对遗传、变异、进化、生长过程和现象进行计算机仿真，用不同的自进化规则、自组织方法构建各种不同的类脑模型。

20 世纪 80 年代末 90 年代初，美国麻省理工学院研制了基于 CA 的多处理器计算机 CAM8，为用自进化、自组织方法组建基于 CA 的类脑模型提供了实现方法与技术。日本京都现代通信研究所的“元胞自动机-仿脑计划”研究开发了机器猫的类脑系统，其包含约 3 770 万个用电子器件实现的人工神经细胞。通过模拟自然脑的生物演化过程可提高机器猫人工脑的学习能力，以达到执行特定任务的目的，其智商可与真实小猫媲美。

3. 神经计算机——基于神经科学与计算机技术的类脑模型

关于人工神经网络模型和算法的理论分析和硬件实现技术的大量研究开发工作，为神经计算机(neural computer)走向应用提供了科学技术和物质基础。人们期望神经计算机重建计算机的形象，极大地提高海量信息处理速度和能力，在更多方面取代传统计算机。

许多专家认为,第六代电子计算机是具有人脑的判断能力和适应能力与可并行处理多种数据功能的神经计算机。与基于知识信息处理的第五代电子计算机不同,第六代电子计算机的信息不存储在存储器中,而是存储在神经细胞之间的联络网中。即使有节点断裂,联络网仍有重建资料的能力。此外,它还具有联想记忆、视觉和声音识别能力。神经计算机可以识别对象的性质与状态,并能采取相应的行动,而且可同时并行处理实时变化的海量数据,并迅速得出结论。传统的信息处理系统只能处理条理清晰、界限分明的数据。而人脑却具有处理支离破碎、含糊不清信息的灵活性,人们曾期待第六代电子计算机具有类似人脑的智慧和灵活性。

据报道,1990 年,日本理光公司宣布研制出一种具有学习功能的大规模集成电路——“神经 LST”。这是一种模仿人脑神经细胞的芯片,每块芯片上载有一个神经元,把所有芯片连接起来就可构成神经网络,利用生物的神经信息传送方式时,其信息处理速度为每秒 90 亿次。日本富士通研究所开发的神经计算机每秒更新数据近千亿次。日本电气公司推出一种神经网络声音识别系统,它能够识别出不同人的声音,正确率达 99.8%。美国有报道称,研究出一种由左脑和右脑两个神经块连接而成的神经计算机,其中右脑为经验功能部分,含有 1 万多个神经元,适用于图像识别;左脑为识别功能部分,含有 100 万个神经元,适用于存储单词和语法规则。纽约、迈阿密和伦敦的飞机场已经用神经计算机来检查爆炸物,它每小时可查 600～700 件行李,检出率为 95%,误差率为 2%。神经计算机将会广泛应用于各个领域,如识别文字、符号、图形、语言以及声纳和雷达收到的信号,判读支票,对市场进行估计,分析新产品,进行医学诊断,控制智能机器人,实现汽车和飞行器的自动驾驶,发现和识别军事目标,进行智能决策和智能指挥等。

1.1.3　符号主义学派的类脑研究

在人工智能领域,符号主义学派研究的出发点是对人脑思维、行为进行符号化高层抽象描述,20 世纪 70 年代兴起的专家系统是该类方法的代表。符号主义学派发展了启发式算法、专家系统、知识工程方法与技术,在模拟人脑的逻辑思维智能方面取得了进展。

符号主义学派在类脑研究方面的典型成果如下。

1. 机器博弈

1956 年,A. Samuel 研制了具有自学习功能的跳棋程序,该程序可模拟优秀棋手,能记忆搜索棋谱、预估若干步棋法、积累下棋经验、向对手学习棋法,曾经战胜美国的跳棋冠军;1997 年,IBM“深蓝”的国际象棋程序应用人工智能的启发式搜索方法战胜了著名国际象棋大师卡斯帕洛夫;2006 年,中国人工智能学会在北京举行了中国象棋的人机大赛,计算机象棋程序战胜了多位著名中国象棋高手,等等。

2. 机器证明

机器定理证明开创性的工作是1956年A. Newell、J. C. Shaw、H. A. Simon研制的逻辑理论家(LT),它可模拟数学家证明定理的思维过程,将人脑证明定理的智能活动转化为计算机自动实现的人工智能符号演算,证明了《数学原理》中的38个定理。20世纪60年代初,A. Newell等人又研制了通用解题器(GPS),它可求解11种不同类型的问题。1960年,美籍华人学者王浩提出了著名的“王浩算法”,可用计算机自动证明《数学原理》中命题逻辑的全部定理。美国1993年发布的MACSYMA软件能够进行复杂的数学公式符号运算。20世纪90年代,我国著名学者吴文俊院士提出了关于初等几何、微分几何的机器自动证明几何定理的方法,国际上称为“吴文俊方法”。

3. 机器推理

1965年,J. A. Robinson提出了推理规则简单而逻辑完备的归结原理,后来又给出了自然演绎法和等式重写式等。E. Feigenbaum等研制了国际上第一个人工智能专家系统-化学分子结构分析程序DENDRAL。1978年R. Reiter提出了非单调推理方法的封闭世界假设,并于1980年提出了默认推理。20世纪70年代,美国、日本、法国研制开发了多种LISP机,可直接解释并高效执行人工智能LISP语言。20世纪80年代,日本研制了第五代计算机——知识信息处理机KIPS,美国研制了符号处理机EXPLORER。1979年J. Doyle建立了非单调推理系统。1980年J. McCarthy提出了限定逻辑。在不确定性推理方面,代表性的方法有Bayes理论、A. Dempster和G. Shafer提出的D-S证据理论、L. A. Zadeh提出的模糊集合论等。20世纪70年代,中国科学院自动化研究所涂序彦等与北京市中医院著名中医关幼波等合作,研制了我国第一个人工智能专家系统-中医肝炎诊断治疗程序。20世纪80年代,中国著名学者钱学森院士在我国第五代计算机研讨会上,提出了关于我国智能机发展战略的、具有中国特色的人工智能道路。李未院士提出了“开放逻辑”。蔡文等提出了“可拓学”与可拓逻辑。20世纪90年代,何华灿教授等提出了“泛逻辑学”。

4. 机器学习

20世纪40年代,信息论奠基人C. E. Shannon研制的“迷宫老鼠”采用奖惩式的强记学习方法,是机器学习的先驱。

机器学习包括强记学习、归纳学习、类比学习、案例学习、发现学习、遗传学习、连接学习、统计学习等多种方法,涉及符号主义学派、连接主义学派等多个学派。归纳学习研究概念描述和概念聚类,如AQ算法、变型空间算法和ID3算法等。类比学习通过目标对象与源对象的相似性,以及运用源对象的求解方法解决目标对象的问题。案例学习是在领域知识指导下进行的实例学习。发现学习是利用数据挖掘进行知识发现的学习方法。遗传学习是借鉴遗传学和进化论、基于遗传算法与进化规划的学习方法。连接学习是基于神经网络、通过典型事例训练、修正连接权值、识别输入模式的学习方法。20世纪90年代兴起的支持向量机(SVM)是统计学习的新方法。

长期以来,国际人工智能领域学派分歧、层次分离、方法孤立,各学派缺乏相互融合与协同,每一个学派都难以在类脑研究中取得重大突破。我国人工智能学者涂序彦等人从中国的东方哲理出发,提出了广义人工智能的概念与学科体系,即多学派兼容、多层次结合、多智体协同的人工智能。从而,我们可以在广义人工智能的框架下,进行类脑的研究开发工作。

1.1.4 认知心理学领域的类脑研究

用计算机研究人的信息处理机制表明,在计算机的输入和输出之间存在着由输入分类、符号运算、条款的存储与检索、模式识别等组成的信息处理过程。尽管计算机的信息处理过程和人的信息处理过程有实质性差异,但认知心理学由此得到启发,认识到人在刺激和反应之间必然也有一个对应的信息处理过程,这个过程只能归结为意识过程。认知心理学的兴起重新恢复了意识研究在心理学中的地位,其主导因素就是信息处理。信息处理也是认知心理学与人工智能的联系纽带,两个学科是相互渗透、相互促进的。

奠定认知心理学基础的著名模型有初等领悟和记忆程序EPAM、记忆语义网络模型、人类联想记忆模型HAM、通用认知模型ACT、人类长期记忆通用模型MEMOD等。认知心理学的研究是从人的记忆开始的,因此相当多的模型都属于记忆模型。早在1965年,N. C. Waugh和D. A. Norman就提出了短时记忆和长时记忆的概念。1968年,R. C. Atkinson和R. M. Shiffrin提出了感觉登记、短时存储和长时存储的3级记忆加工模型,但后来的很多相关实验中发现的现象都无法用该模型解释。自20世纪70年代以来,各种记忆模型不断涌现,从理论模型到计算模型出现了很多研究热点。

1974年,A. D. Baddeley和G. J. Hitch提出工作记忆和长时记忆的理论,认为工作记忆是一种为复杂的认知任务提供临时存储空间和加工所需信息的系统。该理论模型由中枢执行系统、视觉空间初步加工及语音回路3部分构成;2001年又在该理论模型中补充了认知缓冲子系统,其作用是保持加工后的信息以支持后续操作。该理论模型及其概念对前额叶皮层功能的脑成像研究产生了重要影响。

1976年,G. A. Carpenter提出自适应共振理论(ART),在此基础上他又和S. A. Grossberg提出3种形式的ART网络,该网络在实现自适应聚类时存在着短时记忆和长时记忆两种记忆方式,是一种将类脑记忆机制用于解决模式识别问题的计算模型。1997 年，R. M. Shiffrin 提出 REM 模型，旨在模拟识别记忆并主要针对信息数据的检索。自 2000 年以来，G. T. vander Voort van der Kleij 和 F. vander Velde 等人提出视觉工作记忆的黑板模型，并将其用于基于对象的注意机制和特征绑定等问题。2005 年，Standage 提出注意机制与工作记忆相结合的模型；Wilkes 和 Philips 提出基于工作记忆的机器人感知学习模型。

2001 年，J. Anderson 提出 ACT-R(Adaptive Control of Though-Rational)模型。该模型结合了符号主义和连接主义的特点，对人脑认知活动进行整体模拟，是一种有神经基础的人工认知系统体系结构模型。ACT-R 模型已在教育、医学、工业和军事等领域得到应用。

近年来，认知心理学领域的一个新的研究热点是，应用脑功能成像技术研究脑功能定位，从而为理论模型寻找依据。脑功能成像技术属于功能影像学的范畴，功能影像学能在人体器官的解剖形态的基础上，更多地反映相应组织器官的生物学特点，如功能、血流、代谢等，可分为整体、器官、组织和细胞水平等层次，具有无创、实时、活体、特异、精细显像等独特性质。因此，脑功能成像技术能够在无创条件下了解人在思维和行为过程中脑的功能活动，是目前脑的高级功能研究中最常采用的实验方法。

1.1.5 其他领域的类脑研究

1. 模式识别领域的类脑研究

人类对来自外界环境的信息模式具有识别的能力。模式识别过程不仅是感觉器官的感知过程，也是大脑皮层理解和识别客观世界的认知过程，是人脑智能的重要组成部分。由机器进行模式识别的目的是使计算机系统具有与人类类似的识别和理解周围环境的感知能力。早期的模式识别研究工作集中在对文字和二维图像的识别方面，在 L. G. Robert1965 年发表的论文中，将三维图像解释成三维景物的一个单眼视图，即所谓的积木世界。随着各种生物传感器的出现，模式识别由基于视觉感知的图像识别研究扩展到基于多种感知的、复杂环境中的目标识别研究。模式识别是对人类感觉与知觉功能的模拟、延伸和拓展。

(1) 类脑知觉的图像识别

人脑的图像识别能力很强，图像距离的改变或图像在感觉器官上作用位置的改变，都会造成图像在视网膜上大小和形状的改变。即使在这种情况下，人脑仍然可以认出过去认识的图像。模式识别理论认为，图像识别以图像的主要特征为基础，在图像识别过程中，知觉机制能抽取关键的特征信息，同时在大脑中有一个负责整合信息的机制将分阶段获得的信息整理成一个完整的知觉映像。为了模拟人类图像识别，模式识别领域提出了各种图像识别模型，如模板匹配模型、原型匹配模型(即"泛魔"识别模型),等等。此外,神经网路和模糊集合论在模式识别领域的应用使模式识别的方法和技术日益丰富。目前,图像识别不仅在卫星遥感图像、医学图像等领域得到广泛应用,还在各类目标识别、安全鉴别、监视与跟踪等领域取得显著的应用成果。

(2) 类脑视觉的计算机视觉

20世纪80年代初,D. Marr教授提出计算机视觉的理论框架——计算视觉理论;1987年L. G. Lowe提出基于知识的视觉理论框架,以及根据人类视觉的主动性提出来的主动视觉理论框架。计算机视觉是从模式识别领域发展起来的一门独立学科,研究用计算机模拟人眼的视觉功能,从图像或图像序列中提取信息,对客观世界的三维景物和物体进行形态识别和运动识别。计算机视觉的研究内容包括两方面:其一,如何利用计算机部分地实现人类视觉的功能;其二,帮助理解人类视觉机理。

(3) 拟人听觉的语音识别

语音识别研究是机器模式识别的另一个重要研究和应用领域。1952年,美国贝尔实验室的K. H. Davis等人成功地进行了0~90个数字的语音识别实验。1962年,日本成功研制第一个连续多位数字语音识别装置。1969年,日本的板仓斋藤提出了线性预测方法,对语音识别和合成技术的发展起了推动作用。自20世纪70年代以来,各种语音识别装置相继出现。语音识别技术不仅涉及模式识别领域,还包括信号处理、概率论和信息论、发声机理和听觉机理、人工智能等。目前语音识别技术已初步进入实用阶段,如听写机系统,大词汇量、非特定人、连续语音识别系统,对话系统,用于实现人机口语对话的系统,等等。受目前技术所限,对话系统往往面向词汇量有限的专业领域,如旅游查询、订票、数据库检索、网络代理,等等。此外,在广播语音识别、自然对话和谈话、说话人身份证实、语音命令等应用领域,语音识别技术的研发正在深入开展。

(4) 拟人嗅觉的人工嗅觉系统

1980年,英国的苏格兰高地科学研究集团的高级研究员George Dodd在沃威克大学首先研制出一种由传感器阵列构成的电子嗅觉系统——电子鼻。电子鼻阵列中的每个传感器覆盖着不同的具有选择性吸附化学物质能力的导电聚合物。吸附作用将改变材料的电导率,从而产生一个能测量的电信号。阵列中所有不同传感器产生的信号模式代表了特定的气味图谱,通过与已知气味数据库相比较可识别出各种气味。英国Osmetech公司把这种系统用到英国新千年标志建筑物中,能检测与便池传染有关的6种细菌。英国的Neotronics公司推出一种在线实时系统ProSAT,主要应用于食品加工发酵和酿造业,以及在线水监测、医学系统和火检测等。英国诺丁汉大学食品科学系另辟蹊径,研制了一种基于质谱原理的新电子嗅觉系统,这种系统能分析人吃东西时鼻子中嗅到的香味,用于解决如何生产出不同种类的好食品。美国加里福尼亚工学院研制的 Cyranose230 电子鼻经过“培训”能嗅出特定种类的稻米，而且可指出其产地。这些产品标志着电子鼻已经走出实验室，进入实际工作环境。

(5) 拟人味觉的人工味觉系统

美国德克萨斯大学的一项研究成果——电子舌能同时分析若干种化学成分，适用于测量和分析含有各种生物和非生物化学成分的溶液，包括毒素、药品、代谢物、细菌和血液产品等。俄罗斯圣彼得堡大学研制的电子舌能鉴别不同类型的软饮料和酒，区分各种咖啡和分析血浆成份。由于电子舌矩阵中的传感器数量很多，因此必须进行多维数据处理和利用不同模式识别法实现。

(6) 拟人触觉的人工触觉系统

许多动物和昆虫都能用其毛发辨别不同事物，包括方向、平衡、速度、声音和压力等。美国伊利诺斯大学的研究人员正在研制一种像头发一样的触觉传感器，这种人造毛发的大型阵列可用于空间探测器上，其探测周围环境的能力远远超出当今已有的任何系统。这种传感器面临的最大挑战是产生的数据量太大。为避开这一问题，研究人员研究和模仿了人类自身触觉系统的工作。人的每个手指大约有 200 根神经，还有错综复杂的表皮纹理，因此产生的数据量极大。但是皮肤的弹性就像一个低通滤波器，它能滤掉一些细枝末节，使大脑的这项处理简化可行。研究者借鉴这一事实解决了人造毛发数据量过大的问题。

2. 生物控制论的类脑研究

1980 年，涂序彦等出版了我国第一本生物控制论方面的专著——《生物控制论》，系统地论述了血压、呼吸、体温调节系统，研讨了神经系统控制论、内分泌系统控制论以及肌肉运动控制系统等。

对于神经系统控制论的学科体系和研究对象，涂序彦教授认为：神经系统控制论和知识控制论是智能控制论的两个学科分支，其中，神经系统控制论研究基于神经的各种智能控制系统的原理、方法和技术。神经系统控制论的研究对象是各种神经控制系统，包括自然神经控制系统和人工神经控制系统。自然神经控制系统是以人体神经控制系统为主的各种生物神经控制系统。人工神经控制系统则是采用各种人工神经网络、神经系统，设计和实现的工程神经控制系统。

神经系统控制论的基本内容应包括两个方面：其一是生物神经系统控制原理分析方面，其主要研究和分析自然神经控制系统，特别是人体神经系统的工作原理、运动规律、系统结构和智能特性，如协调控制原理、脉冲-电位体制、多级递阶结构以及智能特性等；其二是人工神经控制系统设计方面，其主要研究人工神经细胞、人工神经网络、人工神经系统的设计方法与实现技术。

神经控制论的科学方法需要继承和发展控制论、信息论和系统论的科学方法，根据研究对象和内容可将其分为 4 个方面。

① 生物原型。应用神经生物学、解剖学、病理学等学科方法，研究神经控制系统的生物原理，分析其原理、结构、功能、特性，为理论模型提供科学依据。

② 理论模型。应用控制论、信息论和系统论方法，特别是生物控制论和工程控制论方法，研究神经控制系统的理论模型，如概念模型、数学模型、知识模型，等等。

③ 技术模型。根据理论模型，应用微电子学、计算机科学与工程等领域的方法和技术，研制神经控制系统的技术模型。

④ 应用系统。在技术模型的基础上，开发各种人工神经控制的应用系统。此外，在研究方法和技术路线上，强调拟人化方法、软硬件结合方法、多学科协同方法的集成、交叉和融合。

3. 大系统控制论的类脑研究

1985年，涂序彦教授在人工智能与大系统理论相结合的基础上提出了大系统控制论。2005年，涂序彦教授总结了大系统控制论的研究与应用成果，撰写了《大系统控制论》一书，其基本内容包括广义模型化、大系统分析和大系统综合3方面。其中，大系统综合的主要目标是实现大系统的协调化，人体大系统的协调机制是大系统协调理论的重要内容。《大系统控制论》中的主要观点如下。

(1) "神经-体液"的多级协调控制

人体大系统是"神经-体液"相结合的多级协调控制系统，包括多级和协调两方面的含义。

"神经-体液"的多级结构：人体神经系统包括中枢神经系统和外周神经系统，而中枢神经系统又包括高级神经中枢和低级神经中枢，外周神经系统包括传入神经和传出神经。因此，人体神经系统是具有由上行、下行，特异、非特异投射的神经传导信息通道构成的多级递阶结构的大系统。人体体液系统包括体液中枢(下丘脑、脑垂体)、各种内分泌激素系统，以各种内分泌激素为载体传递信息，通过血液、脑脊液、淋巴液循环对人体进行多级控制。

"神经-体液"的协调控制：协调控制不仅存在于神经系统和体液系统本身的多级递阶结构中，如大脑的思维协调，丘脑的感知协调，小脑的运动协调，下丘脑、脑垂体的内分泌激素协调等，还体现在神经系统与体液系统双重体制的相互协调方面。神经系统的协调控制表现在中枢神经对外周神经、各种感受器官和效应器官的协调控制，以及高级中枢对低级中枢各节段分区的协调控制。体液系统的协调控制以脑垂体为协调器，对各种内分泌腺体进行协调控制；而各种腺体分泌各自特有的激素，对人体进行分工的协调控制。神经系统与体液系统相结合的协调控制表现在神经的快速控制和体液的慢速控制的协调配合、神经的分区控制和体液的分工控制的协调配合。

(2) "双向调节"的生理协调控制

人体生理功能调节系统(如血压、体温、血糖等生理参数的调节)、人体运动、姿态控制系统（如写作、绘画、行走、跑步、跳舞等肌肉骨骼的控制）的显著特点是具有“双向调节”的协调控制模式。例如，人体的体温能保持相对稳定是由于人体产热和散热效应的双向调节的协调控制作用，使两种效应达到动态平衡，从而维持人体温度正常和稳定；人体的血压能保持相对稳定是由于可通过交感神经、副交感神经的升高血压、降低血压的“双向调节”作用，以及内分泌激素对血压的双向调节作用进行协调控制，从而维持人体血压正常和稳定。

人体系统和人脑系统都是生物大系统，关于人体系统协调机制的分析方法和研究成果可以借鉴、应用于类脑系统，从中得到启发并用于研究人脑的协调机理。

1.2 类脑研究的新进展与趋势

近年来，研究人员一直致力于使计算机的运作更具备神经形态，或者说使其更“类脑”，从而更高效地执行日益复杂的任务。目前，类脑研究已在不同的人工突触、类脑芯片、类脑组织和类脑网络等各个层次取得进展。

1.2.1 人工突触

人类大脑强大的计算能力来源于它的“连接”。研究表明，大脑约有 1 000 亿个神经元细胞，而将这些细胞连接的突触则多达千万亿。大脑理论上可以每秒工作万亿次，大约消耗 20 瓦能量，而工作速度类似的大型计算机则每秒需要消耗数 10 万瓦能量。因此，科学家们希望做出的计算机能像人脑一样效率高、消耗少，其关键就在于发展模拟生物行为的人工突触技术。

1. 忆阻器

忆阻器（memristor）是记忆电阻（memory resistor）的缩写，是一种被动电子元件。如同电阻器，忆阻器能产生并维持一股安全的电流通过某个器件。但是与电阻器不同的地方在于，忆阻器可以在关掉电源后，仍能“记忆”先前通过的电荷量，是一种可以基于“记忆”外加电压或电流历史而动态改变其内部电阻状态的电阻开关。忆阻器由于拥有超小的尺寸、极快的擦写速度、超高的擦写寿命、多阻态开关特性和良好的 CMOS 兼容性，因此被视为可应用在未来存储和类脑计算（神经形态计算）技术中的重要候选者。

人类大脑中的信息处理基本单元是神经突触，其最独特的功能是既可以存储也可以计算，存算一体化的信息处理机制是人脑不同于计算机的最大优势所在。研究发现，忆阻器的特性与神经突触很相似，其相当于一个电子突触，特别适合于做存算一体化。忆阻器本身的阻值可以用来存储数据，在外加电压下会输出相应的电流来完成乘法计算的功能，将多个忆阻器的输出电流汇集到一起还可以实现加法计算的功能。通过乘法与加法的组合，忆阻器可以在极短时间内完成绝大多数的计算任务。尤其是忆阻器的阻值能够在一定的外加电压条件下进行快速且可逆的控制与调整，这就使得由忆阻器集成的神经形态计算芯片不但能够高效地完成计算功能，而且能够重复编程。这些特性为忆阻器在神经形态计算领域的应用带来了无可比拟的优势。

2. 突触晶体管

研究表明，生物突触中每次神经元传导需消耗 10 femto 焦耳能量。相比于生物突触，人工突触会消耗更多的能量。韩国浦项工科大学的材料学家 Tae-Woo Lee 的研究团队已经开发出每次传导只需 1.23 femto 焦耳的人工突触，研究者在 4 英寸的晶片上焊接了 144 个突触晶体管。在设备的中心安装 200 nm 到 300 nm 宽的导线(人头发的直径大概为 100 000 nm)，这些很小的特征会帮助降低能量消耗。

研究者解释说，此设备由一种互相包裹的有机材料制成，这些材料使得人工突触陷波，释放带电离子，模拟人工突触工作和电子开关如何拨动开和关。

3. 记忆元件

2018 年 2 月 22 日，顶级期刊《自然》杂志在线发表了美国西北大学麦考密克工程学院材料科学与工程系 Hersam 教授团队的研究成果——一种称为记忆元件(memtransistor)的新型器件。这种记忆元件同时具备记忆和信息处理两种功能，组合了忆阻器和晶体管的特性，同时还包含了多个运作起来类似神经元末梢的终端，能够像神经元一样运作。

典型的忆阻器是双端电子器件只能控制一个电压通道。在最新发表的论文中，Hersam 教授团队实现了具备 7 个终端的器件，其中的一个终端控制着其他 6 个终端之间的电流。“这种设计更类似于大脑中的神经元”，Hersam 说，“因为在大脑中，通常一个神经元并不是只与另一个神经元相连。相反，一个神经元会连接到多个其他神经元以形成一个网络。我们开发的器件结构可以允许多个触点，这类似于神经元中的多个突触”。

4. 磁致电阻

近年来，磁致电阻这一新的物理现象引起了科学界的广泛关注。研究人员发现，当施加于这种材料的外部磁场或者材料自身的磁场强度改变时，这种材料的电阻会发生变化。近日，美国明尼苏达大学研究人员领导了一项新的科研项目，探索出一种涉及磁阻效应的新型拓扑绝缘体。未来，这种拓扑绝缘体将改善计算机计算与存储。他们将研究的细节发表在科技期刊《自然通信》(*Nature Communications*)上。

虽然磁记录法在数据存储应用中仍占据着首要位置，但是磁阻随机存取存储器正逐渐在计算机存储领域占有一席之地。从外部看，它们不像硬盘驱动器那样具有机械旋转的磁盘和摆动的磁头，更像一种其他类型的存储器。它们是一些芯片（固态），这些芯片焊接在计算机或者移动设备的电路板上。

最近，一组称为拓扑绝缘体的材料已经用于进一步改善磁阻随机存储电子单元写数据的能量效率。然而，新设备的几何形状需要一种新的磁致电阻现象，从而完成三维系统和网络中存储单元的读数据功能。

最近，科学家们发现了传统金属双层材料系统中的单向自旋霍尔磁阻。随后，明尼苏达大学的研究人员与宾夕法尼亚州立大学的同事们合作，在拓扑绝缘体-铁磁体双层中，首次展示出这种磁致电阻现象。这项研究确认了这种单向磁致电阻的存在，并揭示出相比于重金属，拓扑绝缘体能在 150 K（−123.15 ℃）下将磁致电阻的性能翻倍。这项研究通过增加之前缺失的或者说非常不便的读数据功能，创建出一种涉及拓扑绝缘体的三维和横条类型的计算机和存储设备。

明尼苏达大学自旋电子材料、接口和新型结构中心（C-SPIN）主任 Jian-Ping Wang 表示："对未来半导体工业的低功耗计算和存储（如类脑计算、机器人芯片、三维磁存储器）的改进来说，我们的研究就如同拼图中缺少的那一块。"

5. 超导突触

据英国《自然》杂志网站报道，美国科学家研制出一款能模拟人脑神经中枢处理过程的超导突触，其信息处理速度比人脑的更快，而且更高效。研究人员表示，尽管该人造突触的商用还面临不少困难，但它是神经形态计算设备发展史上的里程碑，可用于未来类脑计算机中。

美国国家标准与技术研究院（NIST）的迈克尔·施耐德领导团队利用铌超导体制造出了类神经元的电极，并用数千个纳米磁锰团簇填充超导体之间的空隙，获得了新的人造突触。纳米团簇通过改变突触内磁场的大小能对齐指向不同方向，使这一系统能编码信息，且计算能力超过其他神经形态系统。研究表明，这些突触每秒能传递信息十亿次，比人类神经元快几个数量级，而且使用的能量仅为生物突触的千分之一。计算模拟显示，合成神经元可对 9 个来源的输入进行核对，再将其传递给下一个电极。

1.2.2 类脑芯片

为了解决 CPU 在进行大量数据运算时效率低、能耗高的问题，目前有两种发展路线：一是延用传统冯诺依曼架构，主要以 3 种类型芯片为代表——GPU、FPGA、ASIC；二是采用人脑神经元结构设计芯片来提升计算能力，以模拟人脑的神经突触传递结构为目标，追求在芯片架构上不断逼近人脑，这类芯片被称为类脑芯片。类脑芯片的处理器类似于神经元，通信系统类似于神经纤维，从整体上看各神经元的计算都是在本地分布式进行的。在处理海量数据上类脑芯片的优势明显，并且功耗比传统芯片的更低。

近年来，国内外越来越多的公司和研究机构正在类脑芯片的研发上投入大量精力。相比于依靠冯诺依曼结构的GPU、FPGA、ASIC，类脑芯片是一种处于概念阶段的集成电路。目前面世的类脑芯片主要有以下几种。

1. IBM的TrueNorth芯片

为保持技术优势，美国率先发起类脑计算芯片的相关研究工作。2011年8月，IBM在模拟人脑大脑结构基础上，研发出两个具有感知和认知功能的硅芯片原型TrueNorth。

2014年第二代TrueNorth诞生，它使用了三星的28 nm的工艺，共用了54亿个晶体管，其性能相比于第一代有了不少提升。其功耗每平方厘米消耗仅为20毫瓦，是第一代TrueNorth的百分之一，直径仅有几厘米，是第一代TrueNorth的十五分之一。该芯片的每个内核都简化模拟了人类大脑的神经结构，包含256个“神经元”(处理器)、256个“轴突”(存储器)和64 000个“突触”(神经元和轴突之间的通信)。总体来看，TrueNorth芯片由4 096个内核、100万个“神经元”、2.56亿个“突触”集成。此外，不同芯片还可以通过阵列的方式互联。IBM称，如果用48个TrueNorth芯片组建一个具有4 800万个神经元的网络，则该网络呈现的智力水平将相似于普通老鼠。

据“计算机世界”网站2016年3月31日报道，IBM迄今为止最大型的类脑计算机NS16e正式上市。NS16e具有16个TrueNorth芯片，它们形成芯片阵列，一起工作时等效于1 600万个神经元及40亿个突触。在人类的大脑中，大脑皮层中的一部分区域专门负责视觉处理，而另一部分区域则专门负责运动功能，在这一点上，NS16e与大脑有些相似，即不同的芯片负责神经网络的不同区域。2016年9月，IBM研究人员在*PNAS*(《美国科学院院报》)发表论文，报告他们训练的卷积神经网络在TrueNorth处理器上分类图像和语音的精度接近目前最先进水平，每秒能处理1 200～2 600帧，能耗只需25～275毫瓦(相当于超过6 000 fps/W)。这一工作首次将深度学习算法的力量和神经形态处理器的高能效相结合，为研发下一代嵌入式智能终端铺平道路。上述论文的核心是一个新的算法，能够训练深度网络在神经形态芯片上高效运行。同时，这一神经形态深度网络能够像MatConvNet这样的深度学习系统一样训练，因此数据科学家在使用时可以不用操心TrueNorth芯片的架构细节。

研究人员指出，TrueNorth及原型芯片的规格是在2011年开发的，而2012年以后卷积神经网络(CNN)才再次开始得到重视。因此，TrueNorth的设计并没有针对CNN。而实验结果表明，TrueNorth能够实现论文中描述的CNN，还能够支持一系列不同的连接模式(反馈、横向及前馈传播)，而且能在同一时间实现一系列其他算法。此外，TrueNorth 还展示了神经形态计算和深度学习在结构和运算上存在着差异，类脑计算这条道路是可行的。

2. 英特尔的 Loihi 芯片

2017 年 9 月，芯片巨头英特尔推出历时十年研发的自我学习芯片 Loihi。Loihi 芯片的设计目的是模仿大脑的工作方式，使其可以像人类大脑一样，通过脉冲或尖峰传递信息，并可以自动调节突触强度，通过环境中的各种反馈信息，进行自主学习、下达指令。Loihi 芯片内部包含了 128 个计算核心，每个核心集成 1 024 个人工神经元，总计 13.1 万个硅“神经元”，彼此之间通过 1.3 亿个“突触”相互连接。根据英特尔给出的数据可知，Loihi 芯片的学习效率比其他智能芯片的高 100 万倍，完成同一个任务所消耗的能源可节省近 1 000 倍。

2018 年 5 月，英特尔的发言人表示基于其 Loihi 芯片的系统将投入使用，其中包括 1 000 亿个突触，这与普通老鼠大脑的复杂度差不多。

3. 高通的 Zeroth 芯片

2013 年高通公布了一款名为 Zeroth 的类脑芯片，Zeroth 芯片不需要通过大量代码对行为和结果进行预编程，而是通过类似于神经传导物质多巴胺的学习（又名“正强化”）完成的。高通为了让搭载该芯片的设备能随时自我学习并从周围环境中获得反馈，开发了一套软件工具。在公布的资料中高通还用装载该芯片的机器小车进行了演示，使小车在受人脑启发的算法下完成寻路、躲避障碍等任务。

4. 西井科技的 DeepSouth 芯片

国内近年也开展了类脑芯片研究，出现了专注类脑芯片研发的创企，代表企业有上海的西井科技。西井科技是研究类脑通用人工智能的公司，目前已推出了两款自主研发产品：拥有 100 亿规模的神经元人脑仿真模拟器 Westwell Brain 和拥有 5 000 万“神经元”的可商用化类脑芯片 DeepSouth。DeepSouth 芯片总计有 50 多亿个“神经突触”，除了具备“自我学习、自我实时提高”的能力外，还可以直接在芯片上完成计算，不需要通过网络连接后台服务器，可在“无网络”情况下使用。在能耗方面，DeepSouth 芯片在同一任务下的功耗仅为传统芯片的几十分之一到几百分之一。

5. 浙江大学的“达尔文”类脑芯片

2015 年，浙江大学与杭州电子科技大学的研究者们研发出一款称为“达尔文”的类脑芯片。这款国内首款基于硅材料的脉冲神经网络类脑芯片，面积为 25 平方毫米，内含 500 万个晶体管。该芯片上集成了 2 048 个硅材质的仿生神经元，可支持超过 400 万个神经突触和 15 个不同的突触延迟。这款芯片可从外界接受并累计刺激，产生脉冲（电信号）进行信息的处理和传递。研发人员还为“达尔文”类脑芯片开发了两个简单的智能应用：一是“达尔文”类脑芯片可识别不同人手写的 1～10这 10 个数字；二是“达尔文”类脑芯片在接受了操作者的脑电波后，可控制计算机屏幕上篮球的移动方向，在熟悉并学习了操作者的脑电波后，该芯片会在后续接受相同刺激时做出同样反应。

1.2.3　类脑网络

随着人工智能、物联网、大数据、云计算、机器人、虚拟现实、工业互联网等科学技术的蓬勃发展，互联网类脑架构也逐步清晰起来。

1. 互联网类脑架构

2008年和2009年，中国科学院的研究团队发表了《互联网进化规律的发现与分析》《互联网虚拟大脑的结构与功能》等论文，提出"互联网正在向着与人类大脑高度相似的方向进化，它将具备自己的视觉、听觉、触觉、运动神经系统，也会拥有自己的神经元网络、记忆神经系统、中枢神经系统、自主神经系统"。另外，该研究团队还提出，人脑至少在数万年以前就已经进化出所有的互联网功能，不断发展的互联网将帮助神经学科学家揭开大脑的秘密。

该研究团队认为：互联网类脑架构具备不断成熟的类脑视觉、听觉、躯体感觉、运动神经系统、记忆神经系统、中枢神经系统和自主神经系统；互联网类脑通过类脑神经元网络将社会各要素（包括但不仅限于人、AI系统、生产资料、生产工具）和自然各要素（包括但不仅限于河流、山脉、动物、植物、太空）连接起来；互联网类脑在群体智慧和人工智能的驱动下通过云反射弧实现对世界的认知、判断、决策、反馈和改造。

2010年8月，美国南加州大学神经系统科学家拉里·斯旺森和理查德·汤普森在《美国科学院院报》发表论文，用互联网路由机制解释了老鼠大脑的信号如何绕过破坏区域到达目标区域。这一研究作为一个实验，证明人脑中的确存在类互联网应用。

2012年11月16日，加州大学圣迭戈分校的Dmitri Krioukov在*Scientific Report*上发表论文，提出利用计算机模拟并结合多种其他计算可发现许多复杂网络（如互联网、社交网、脑神经网络等）有高度的相似性。

2. 类脑巨系统

2012年，谷歌开始谷歌大脑计划，这是基于于谷歌庞大的数据和计算量，以及应用深度学习技术所建立的互联网类脑智能巨系统。总体来看，谷歌大脑还是一个纯粹的人工智能项目，但它是第一个用"大脑"命名的互联网智能巨系统项目。

2014年，百度提出百度大脑，科大讯飞提出讯飞超脑，

2015年，京东提出京东大脑，

2017年12月，阿里巴巴正式提出阿里ET大脑，华为提出城市神经系统。

2018年，在短短的5个月里有6家中国科技巨头提出自己的类脑智能巨系统

项目。2008年1月初，前百度研究院院长林元庆成立Aibee(爱笔智能)，旨在用多项AI技术(如深度识别、人脸识别、语音交互、多轮交互、大数据分析、三维空间重建等)帮助传统行业提升整体效率。2008年1月26日，滴滴在智慧交通峰会上正式发布了智慧交通战略产品“交通大脑”，与交管部门合作，用AI的决策能力解决交通工具与承载系统之间的协调问题。2008年1月30日，在上海加强城市管理精细化“三年行动计划”中提到，上海将加强城市大脑建设，打造感知敏捷、互联互通、实时共享的“神经元”系统；深化智慧治理，以城市网格化综合管理信息平台为基础，构建城市综合管理信息平台，推进“城市大脑”建设。2008年5月16日，在第二届世界智能大会上，360集团董事长兼CEO周鸿祎发表了题为“建立‘安全大脑’保卫智能时代”的演讲。在演讲中，周鸿祎首次提出了“安全大脑”的全新概念。他表示，“安全大脑”是一个分布式智能系统，综合利用ABCI(大数据、人工智能、云计算、IoT智能感知、区块链)等新技术，保护国家、国防、关键基础设施、社会及个人的网络安全。2008年5月16日，浪潮在世界智能大会上发布浪潮EA企业大脑。浪潮EA企业大脑意为Enterprise Agent，即企业智能体，通过实时持续处理海量异构数据，辅助智能决策，驱动流程自动化和业务优化升级，实现企业的个性化、精细化的生产和服务。2018年5月23日，在腾讯“云+未来”峰会上，马化腾发表主题为“智慧连接：云时代的创新与探索”的演讲，表示腾讯希望在云时代通过“连接”，促成“三张网”的构建。腾讯“三张网”包括3个部分：一是人联网；二是物联网；三是智联网。其中，腾讯称之为超级大脑的智联网是一套开放、共建的技术输出体系，超级大脑定位为数字世界智能操作系统。一方面，智能化云、边、端并将其连接为一个整体；另一方面，将包括AI、大数据在内的各项技术技术能力输出到各行各业。

1.3 全球著名脑研究计划

类脑智能与脑科学经常联系在一起，二者相互借鉴、相互融合的发展是国际科学界涌现的新趋势。近年来，世界各国纷纷启动脑研究计划，抢占未来技术制高点。瑞士2005年启动“蓝脑(Blue Brain)计划”，其目的是从实验数据逆向打造哺乳动物的大脑；美国2013年正式启动BRAIN计划，针对大脑结构图建立、神经回路操作工具开发等七大领域进行研发布局；欧盟2013年正式提出“人脑计划(Human Brain Project，HBP)”，试图在未来神经科学、未来医学和未来计算等领域开发出新的前沿医学和信息技术；加拿大、日本、德国、英国等也先后推出脑科学研究计划。同时，许多国际企业纷纷推出类脑研究计划，在以IBM、微软、苹果等为代表的龙头企业的推动下，类脑智能受到高度关注。

1.3.1 国际脑研究计划

1. 瑞士的“蓝脑计划”

2005年，“蓝脑计划”由瑞士洛桑理工学院大脑与心智研究所发起，最初的目的是研究大脑的构造和功能原理。几年后该项目影响扩大，来自西班牙马德里超级计算与可视化中心及英、美、以色列等国的脑科学专家一起参与这一研究。2006年年底，研究小组宣布“蓝脑计划”的第一阶段目标——皮质柱(大脑皮层中的柱状结构)的模拟顺利完成。在此鼓舞下，科学家们决定向“整体脑部模拟”进军，即根据实验数据与仿真计算，逆向打造哺乳动物的大脑。

该计划使用了IBM的eServer Blue Gene计算机(它每秒钟能够进行22.8万亿次浮点运算)。“蓝脑计划”试图模拟老鼠的新大脑皮质单元(NeoCortical Columns，简称NCC)中10 000个高度复杂的神经元行为。NCC延伸到整个大脑灰质中，可执行高级的计算任务，它们的直径为0.5 mm，像蜂巢中的小格子一样排列在大脑中。

“蓝脑计划”首席研究员Henry Markram表示，“蓝脑计划”的第一个目标是在两三年内通过软件复制NCC，或者说设计出NCC的模板，然后根据大脑的不同区域或者不同动物的大脑对这个模板进行修改，这样就可以模拟各种各样的NCC。

“蓝脑计划”所做的就是通过在神经元的层次上模拟大脑的行为，对脑实施逆向工程。研究人员计划创建一个模型工具，可以让其他的神经科学家当在其上做各种实验，验证各种假设，分析药物的功效时取得比在真正的大脑上更高的效率。这个项目的初始目标是对构成老鼠新大脑皮层单元(皮层的主要构成模块)的1万个神经元及3 000万个突触连结进行模拟。选择新大脑皮层单元作为模拟的开始是因为它被大家公认为非常的复杂，由很多不同的结构构成，每一个结构都包括很多的突触和离子通道。

2015年，“蓝脑计划”发表了首个新大脑皮质单元的数字拷贝，这是大脑中最晚进化的部位，是感觉、行动和意识所在。在这项最新研究中，利用代数拓扑，研究者在这个虚拟脑部组织上进行了多次测试来证实发现的多维脑部结构绝不会是偶然产生的。随后在“蓝脑计划”位于洛桑的操作教学实验室进行了实际脑部组织实验，证实早先在虚拟组织上的发现具有生物关联，并表明大脑在生长过程中会不断重新连接以建立尽可能高维结构的网络。

2. 美国的BRAIN计划

BRAIN计划是美国白宫资助的神经系统科学计划，其全称是“通过推动创新型神经技术开展大脑研究(brain research through advancing innovative neurotechnologies)。该计划的目标是，绘制一个关于人类大脑神经活动的全面且详细的图谱。

BRAIN 计划的前身是 BAM 项目，BAM 是卡夫利基金会的专家呼吁的一个大脑活动地图项目，该项目旨在绘制简单生物（诸如果蝇）神经活动的精细图像，进而转向绘制更大、更复杂哺乳动物系统（诸如老鼠的视网膜）的精细图像。这项研究最终可以极大拓展人们对人类大脑健康和患病状态的认知。BAM 项目得到了白宫管理者的关注。在 2013 年 4 月 2 日政府发布官方声明时，该项目更名为 BRAIN 计划。

2014 年，BRAIN 计划获得约 1.1 亿美元的联邦资助。其中：美国国防部高级研究计划局（DARPA）投入约 5 000 万美元，重点探索大脑的动力学方面（dynamic function of the brains）的功能，并基于这些发现开创新应用；美国国立卫生研究院（NIH）投入约 4 000 万美元，重点开发研究大脑的新技术；美国国家科学基金会（NSF）投入约 2 000 万美元，支持跨学科研究大脑，包括物理学、生物学、社会学和行为科学。

自 2015 年以来，NIH、NSF 和 DARPA 的资助大幅增加，同时发展目标也更加明确，更加注重脑相关技术的研究和开发。其中：NIH 致力于开发和应用新的工具来绘制出大脑回路；DARPA 致力于促进数据处理、成像、先进分析技术的发展；NSF 致力于开发一系列包括人在内的各种生物体生命过程中脑功能所必须的实体工具和概念性工具。

民间机构对 BRAIN 计划的投入几乎与公共机构的投入相当。例如，艾伦（Allen）脑科学研究所每年有超过 6 000 万美元的经费用于支持 BRAIN 计划，主要致力于研究认知、决策和指挥行动的脑部活动。霍华休斯医学研究中心（Howard Hughes medical institute）每年投入 3 000 万美元发展成像技术，以及研究神经网络的信息存储和加工过程。Kavli 基金会预计在未来 10 年内，每年约投入 400 万美元，致力于研究脑部疾病发生的机制，并寻找治疗方法。索尔克研究所（Salk institute for biological studies）投入 2 800 万美元，致力于从单个基因到神经回路再到行为深入理解大脑。

3. 欧盟的 HBP 计划

2012 年 7 月，“欧洲第七框架计划（FP7）”将“脑部疾病防治”和“涉及健康、材料、神经科学与神经机器人的信息通信技术”作为新的资助主题，共投入 19.2 亿欧元。2013 年 1 月欧盟正式公布 HBP 计划为未来新兴技术旗舰计划（FETFlagship）的两大计划之一。该计划原由瑞士的神经学家 Henry Markram 构思并领导筹划，目标是用超级计算机来模拟人类大脑，用于研究人脑的工作机制和未来脑疾病的治疗，并借此推动类脑人工智能的发展。参与的科学家来自欧盟各成员国的 87 个研究机构。HBP 计划的目标之一是建立一个汇集 6 个 ICT 平台的统一技术系统。六大平台包括以下平台。

① 神经信息系统平台。此平台将为神经科学家提供有效的技术手段，使他们

更加容易地对人脑结构和功能数据进行分析，并为绘制人脑的多层级图谱指明方向。此平台还包含神经预测信息学的各种工具，有助于对描述大脑组织不同层级间的数据进行分析并发现其中的统计性规律，也有助于对某些参数值进行估计。

② 人脑模拟平台。此平台旨在建立和模拟多层次、多维度的人脑模型，以应对各种具体问题。该平台为研究者提供建模工具、工作流和模拟器，帮助他们从老鼠和人类的大脑模型中汇总出大量且多样的数据来进行动态模拟。

③ 高性能超级计算平台。此平台拥有先进的百亿次级超级计算技术，具备全新的交互计算和可视化性能，可为建立和模拟人脑模型提供足够的计算能力。

④ 医疗信息平台。该平台汇集来自医院档案和私人数据库的临床数据。这些功能有助于研究者定义出疾病在各阶段的“生物签名”，从而找到关键突破点。

⑤ 神经形态计算平台。该平台为研究者和应用开发者提供所需的硬件和设计工具来帮助他们进行系统开发，同时还会提供基于大脑建模的多种设备及软件原型。

⑥ 神经机器人平台。该平台为研究者提供开发工具和工作流，使他们可以将精细的人脑模型连接到虚拟环境中的模拟身体上。该平台为神经认知学家提供了一种全新的研究策略，帮助他们洞悉隐藏在行为之下的大脑的各种多层级运作原理。

HBP计划的研究成果将为神经认知学基础研究、临床科研和技术开发带来以下实用价值。

① 统一的知识体系原则。项目中的人脑模拟系统和神经机器人系统会对负责具体行为的神经回路进行详尽解释，并最终得到一个可以将人类与动物从本质上区分开来的人脑模型。例如，该模型可以表现出人类的语言能力。这些模型将使研究者对大脑的认识发生质的变化，并且可以立即应用于具体的医疗和技术开发领域。

② 对大脑疾病的认识、诊断和治疗。研究者可充分使用医疗信息系统、神经形态计算系统和人脑模拟系统来发现各种疾病演变过程中的“生物签名”，并对这些过程进行深入分析和模拟，最终得出新的疾病预防和治疗方案。

③ 新兴的计算技术和应用。研究者可以利用HBP计划的高性能计算系统、神经形态计算系统和神经机器人平台来开发新兴的计算技术和应用。高性能计算平台将会为他们配备超级计算资源，以及集成多种神经形态学工具的混合技术。借助于神经形态计算系统和神经机器人平台，研究者可打造出极具市场应用潜力的软件原型。

4. 日本的Brain/MINDS计划

日本于2014年启动了为期10年的脑智（Brain Mapping by Integrated Neurotechnologies for Disease Studies，Brain/MINDS）计划，其目标是使用整合性

神经技术制作有助于脑疾病研究的大脑图谱。该计划以狨猴脑为生物模型，绘制从宏观到微观的脑联接图谱，并以基因操作手段建立脑疾病的狨猴模型。

日本的 Brain/MINDS 计划的核心任务是制造出转基因狨猴，利用这种动物模型研究人类的认知功能，并开展相关疾病研究。狨猴的大脑额叶与人类非常类似，该脑区和精神分裂症的关系密切，其他小实验动物无法代替狨猴的作用。狨猴的行为学和人类非常接近。例如，它们以家庭为单位生活，和人类一样能用眼神进行交流，而且比较温顺，在这点上其他猴类和黑猩猩则不一样。狨猴是研究帕金森病和阿尔茨海默病等人类疾病最理想的动物，通过研究导致狨猴社会交往能力（如眼神交流能力）遭到破坏的原因将有利于理解人类孤独症的发病机理。

日本的 Brain/MINDS 计划的研究人员分成 3 个小组：第一小组用功能 MRI 等技术对大脑功能进行定位，从细胞尺度上对宏观大脑功能进行分析；第二小组分为 17 个独立小组，分别开发相关研究技术；第三小组收集和分析患者大脑成像等相关研究信息，关于人类精神分裂症、神经疾病和脑血管疾病的的信息将结合狨猴研究的信息进行综合分析。

1.3.2 中国的脑研究计划与机构

1. 中国的脑研究计划

近年来，在科技部的组织下，中国脑科学和人工智能技术相关领域的专家举行了 10 余次会议。这些会议达成的基本共识是，我国急需启动一项国家级“脑科学和类脑研究”计划，并建议此计划应基于我国的特色、优势、需求和目前的科研力量，以理解脑认知功能的神经基础为研究主体，以脑机智能技术和脑重大疾病诊治手段研发为两翼，在未来 15 年内使我国的脑认知基础研究、类脑研究和脑重大疾病研究达到国际先进水平，并在部分领域起到引领作用。脑认知原理的研究将可能产生有重大国际影响的基础科学成果；脑重大疾病的研究可望建立早期诊断与干预的技术体系，大幅度降低脑疾病的经济与社会负担。类脑研究和脑机智能技术是未来高科技领域的关键；类脑计算系统的突破将推动我国信息产业并带动工业、农业、金融及国防等领域的跨越式发展。

在脑研究计划讨论中，专家们提出了一些未来研究的重点内容：在脑认知的神经基础原理领域，包括基本脑认知功能（感觉和知觉、学习和记忆、情绪和情感、注意和抉择等）以及高等脑认知功能（同理心、思维、自我意识、语言等）的神经环路和工作机理、人脑宏观神经网络和模式动物介观神经网络的结构性及功能性全景式图谱的绘制；在类脑计算与脑机智能技术领域，包括类脑计算理论和新一代人工神经网络计算模型、类神经形态的处理器和类脑计算机、类脑计算系统所需要的软件环境和应用平台、可自我学习和能适应环境而成长的机器人、脑机接口和脑机融合的新模型和新方法、脑活动(电、磁、超声)调控技术等;在脑重大疾病与健康领域,包括阐释脑重大疾病(如幼年期的自闭症和智障、中年期的抑郁症和成瘾、老年期的退行性脑疾病)的致病机理、确立脑重大疾病预警和早期诊断的各种指标(包括基因谱、血液和脑脊液、脑影像和脑功能指标)、脑重大疾病早期干预、治疗与康复的(药理、生理和物理)新手段和器件的研发、建立非人灵长类动物(以猕猴为主)的脑重大疾病模型等。为支撑这些研究,需要建立关键核心技术研发与推广的3类全国性平台:脑结构与功能研究新技术平台、脑重大疾病临床研究技术平台、类脑研究工程平台。总之,与欧盟、美国、日本新启动的脑研究计划相比,中国脑研究计划所包含的内容更为广泛,同时对社会需求有更直接的对应。

中国十分重视类脑研究,并将类脑计算作为国家战略发展的制高点。中国不仅在2015年将脑计划作为重大科技项目列入国家“十三五”规划,还发布了关于脑计划“一体两翼”的总体战略:“一体”即认识脑,以阐释人类认知的神经基础为主体和核心;“两翼”即保护脑(预防、诊断和治疗脑重大疾病)和模拟脑(类脑计算)。

中国的学术界也展开了对类脑的研究,2015年中国科学院、清华大学、北京大学相继成立脑科学与类脑智能研究中心,2017年5月中国科学技术大学在合肥成立了类脑智能技术及应用国家工程实验室。这些实验室将借鉴人脑机制攻关人工智能技术,推进类脑神经芯片、类脑智能机器人等新兴产业发展。

2. 中国的脑研究机构

作为重要的前沿科技领域,类脑智能研究的大幕已经拉开,各先进国家的科研院所和高新企业纷纷进军该领域的相关研究。

为配合国家科技发展的战略需求和相应的体制与机制改革,中国科学院以上海生命科学研究院的神经科学所为依托单位,于2014年8月成立了“脑科学卓越创新中心”。鉴于脑科学与类脑研究交叉和融合发展的需求,“脑科学卓越创新中心”在2015年6月扩容为“脑科学与智能技术卓越创新中心”(简称为“脑智中心”),由中国科学院的神经科学研究所与自动化研究所作为双依托单位,这是国际上第一个深度融合脑与神经科学、认知科学、人工智能、计算机科学等不同领域的研究机构。

脑智中心的科研工作包括5个领域。

(1) 在脑认知功能的环路基础领域,中心将研究感觉输入是如何启动和调节动物的本能行为的、神经元震荡活动在多感觉信息处理和整合中的作用、记忆储存与提取的神经机制、适应性行为和高级认知功能(如自我意识、共情心和语言等)的神经环路基础。

(2) 在脑疾病机理与诊断干预领域,中心正在利用基因操作技术,研制脑疾病的猴类模型和脑认知研究的工具猴。中心也在研究人类特有基因在调节脑容量和脑疾病致病机理的作用,以及能早期诊断发育性、精神性和神经退行性脑疾病的基因、分子和认知功能指标。

(3) 在脑研究新技术研究领域,中心正在完善鉴别神经元类型的单细胞基因分析方法、病毒感染示踪标记神经环路的方法、记录电信号和化学信号的微电级阵列技术,以及各种观测脑结构和功能的光学、磁共振影像新技术。

(4) 在类脑模型与智能信息处理研究领域,中心在介观和宏观水平对光学和磁共振成像数据进行全脑联接组分析,研发多感觉模态感知和能准确辨认图像、语音并理解语义的信息计算模型。

(5) 在类脑器件与系统研究领域,中心正在研发类神经元计算芯片、新一代的神经网络计算器件、类脑智能机器人以及人机协同的智能训练和生长环境。

1.4 三中枢自协调类脑智能系统

目前面向工程应用的类脑研究中存在着 3 个主要问题。

(1) 脑科学研究已经提供了关于脑的总体工作原理的 4 项重要研究成果,但脑科学的研究成果远未揭示脑的全部奥秘,因此,长期以来类脑研究是在对其生物原型的了解不十分透彻的基础上开展的。

(2) 国内外关于类脑的研究已经取得了显著的进展,人们对于拟人脑模型的构建正在从硬件和软件两方面来推进。进化硬件是一个新的思路,即电子设备中元件(类神经细胞)之间的物理连接(人工突触)可以按照某种算法进行自我更新。然而,硬件的进化是一个极具挑战性的选题,进化的硬件在目前尚处于开发的初期阶段。另外,对于从底层微观结构模仿大脑细节、用神经元芯片堆积复制人脑的方法,其结果也很难帮助人们理解记忆、认知、情绪、推理等问题,

(3) 软件方面的关键是智能技术,传统人工智能技术的推理功能较强,擅长模拟左脑的逻辑思维功能,但欠缺学习及联想能力,难以模仿右脑的模糊处理功能和整个大脑的并行化处理功能。人工神经网络是基于对人脑组织结构、活动机制的初步认识而构件的一种新型信息处理体系,通过模仿脑神经系统的组织结构以及某些活动机理,人工神经网络可呈现出人脑右脑的一些基本特性。然而,无论是推理机、认知机、感知机还是元胞自动机等,都是某种初级的局部拟人脑模型,一般只能模拟某种简单的思维功能,其"智能"水平十分有限。

面对人脑这种高度复杂精妙的研究对象,任何一种单一的神经网络模型或单一的传统人工智能技术都难以提供有效的方案,需要多种智能技术的综合集成。

基于上述认识,作者遵循多类型神经网络综合集成、结构模拟同功能模拟优势互补、模拟人脑高级神经中枢简化体系结构的类脑系统构建路线,提出一种旨在模拟、借鉴和利用人脑信息处理的体系结构、机制、模式和功能的类脑智能系统构架

和设计方案。基于简化的人脑高级神经中枢的类脑智能系统由思维中枢、感觉中枢和行为中枢3个子系统构成，因此要妥善解决好各个中枢的协调问题。在现代脑科学尚未对人脑的全部奥秘了解透彻的背景下，该类脑智能系统并不追求对大脑的全面真实写照，但作为对人脑高级功能的抽象、简化和模拟，该系统应具有感知、学习、记忆、联想、判断、推理、决策等多种类脑智能。

本章小结

本章简要回顾了脑科学、人工智能、认知心理学、控制论等相关领域的识脑与类脑研究工作；梳理了类脑研究在器件、芯片和网络3个层次上的最新研究成果和发展趋势；讨论了全球著名的脑研究计划及其研究目标；分析了面向工程应用的类脑研究中存在的主要问题。在此基础上，作者认为类脑系统应遵循多类型神经网络综合集成、结构模拟同功能模拟优势互补、模拟人脑高级神经中枢简化体系结构的构建路线，研究模拟、借鉴和利用人脑信息处理的体系结构、机制、模式和功能的类脑智能系统构架和实现方案。

本章参考文献

[1] 蒲慕明，徐波，谭铁牛. 国际脑科学与类脑研究回顾[EB/OL]. 中科院院刊. https://mp.weixin.qq.com/s/pj_sboaVbpuhe6A0JNigmA.

[2] 韩力群. 人工神经网络理论、设计及应用——人工神经细胞、人工神经网络和人工神经系统[M]. 北京：化学工业出版社，2002.

[3] 吕晓阳. 细胞自动机的演化与计算理论[J]. 华南师范大学学报(自然科学版)，1996(2)：43-49.

[4] 胡海英，胡瑞安等. 自增值细胞自动机的建模理论与算法[J]. 华中理工大学学报，1995，23(11)：10.

[5] 涂序彦，韩力群. 人工智能：回顾与展望[M]. 北京：科学出版社，2006.

[6] 史忠植. 高级人工智能[M]. 北京：科学出版社，1998.

[7] 黄德双. 神经网络模式识别系统理论[M]. 北京：电子工业出版社. 1996.

[8] 涂序彦. 神经控制论[C]//中国神经网络1991年学术大会论文集. 1991.

[9] 涂序彦，黄秉宪. 生物控制论[M]. 北京：科学出版社，1980.

[10] 涂序彦. 大系统控制论[M]. 北京：国防工业出版社，1994.

[11] de Garis H，Korkin M. The CAM-brain machine(CBM)[J]. Neurocomputing，42

(1-4):35-68.
[12] Cho S B, Song G B. Evolving CAM-brain to control a mobile robot[J]. Applied Mathematics and Computation, 2000:147-162.
[13] de Garis H, Korkin M, Gers F, et al. Building an artificial brain using an FPGA based CAM-brain machine [J]. Applied Mathematics and Computation 2000, 111(2-3):163-192.
[14] 王甦. 认知心理学[M]. 北京:北京大学出版社,2005.
[15] 袁晓松. 脑科学的发展对认知心理学的深刻影响[J]. 阴山学刊,2007,20(6):107-111.
[16] 杨治良等. 记忆心理学[M]. 上海:华东师范大学出版社,1999.
[17] New discovery could improve brain-like memory and computing[EB/OL]. https://cse. umn. edu/news-release/new-discovery-improve-brain-like-memory-computing/.
[18] 新型记忆元件问世,离类脑计算更进一步[EB/OL]. http://www. 360doc. com/content/18 /0302/18/39305448_733749091. shtml.
[19] 新人造突触或使类脑计算机梦想成真[EB/OL]. http://digitalpaper. stdaily. com/http_ www. kjrb. com/kjrb/html/2016-06/22/content_342343. htm? div=-1.
[20] Lv Y, Kally J, Zhang D L, et al. Unidirectional spin-hall and Rashba-Edelstein magnetoresistance in topological insulator-ferromagnet layer heterostructures[J]. Nature Communications, 2018, 9(1):111.
[21] 超导突触处理信息能力超人脑[EB/OL]. 科普中国网,2018.
[22] 科学家开发出基于人工神经突触的类脑计算机[EB/OL]. 人工智能快报,2016.
[23] 美国开发新型类脑超级计算机[EB/OL]. http://www. most. gov. cn/gnwkjdt/201711/t20171113_136123. htm.
[24] 神经形态计算新方法人工突触打开类脑计算新大门[EB/OL]. https://item. btime. com/m_2s21tpbxvqi.
[25] 有了忆阻器,“超级人工大脑”不再是梦[EB/OL]. http://www. stdaily. com/zhuanti01/guihua/2018-01/16/content_623893. shtml.
[26] IBM类脑计算机正式上市[EB/OL]. http://www. toutiao. com.
[27] 互联网大脑进化简史,类脑智能巨系统产生与兴起[EB/OL]. http://www. toutiao. com.
[28] 互联网大脑加速进化,2018年类脑智能巨系统在中国突然爆发[EB/OL]. http://blog. sciencenet. cn/home. php? mod=space&uid=39263.
[29] 类脑智能:让机器像人一样思考[EB/OL]. http://www. toutiao. com.

[30] 基于互联网大脑架构的腾讯未来趋势分析[EB/OL]. http://www.toutiao.com.

[31] 欧洲HBP计划[EB/OL]. http://www.360doc.com/content/17/1117/15/18005502_704649362.shtml.

[32] 蓝脑计划[EB/OL]. http://www. toutiao.com.

[33] Advisory Committee to the Director. Brain research through advancing innovative neurotechnologies (BRAIN) working group [C]//National Institutes of Health,2013.

[34] Markram H. The human brain project[J]. Sci. Am., 2012, 306:50-55.

[35] Okano H, Miyawaki A, Kasai K. Brain/MINDS: brain-mapping project in Japan[J]. Philosophical Transactions of the Royal Society B: Biological Sciences,2015, 370:1668.

[36] Poo, M-m. Where to the mega brain projects? [J] Natl. Sci. Rev,2014, 1:12-14.

[37] 韩力群. 多中枢自协调拟人脑智能系统研究及应用[D]. 北京:北京理工大学,2005.

第2章　脑原型与脑"解读"研究

脑科学的根本任务是彻底了解脑的机制，揭示脑的全部奥秘。20世纪90年代是著名的"脑的十年"，脑科学的研究引起了全世界的关注。近年来，脑科学对脑的研究在细胞与分子水平上将结构与功能结合起来，开始研究更为复杂的精神意识，力图探索行为、思维等脑的高级功能的神经机制。神经科学和信息科学的交叉与融合形成了基于神经功能分子显像的神经信息学，将脑的结构和功能研究结果联系起来，建立神经信息学数据库和与神经系统相关的所有数据系统，对不同层次脑的研究数据进行检索、比较、分析、整合、建模和仿真，绘制出脑功能、结构和神经网络图谱，达到"认识脑、保护脑和创造脑"的科学目标。这些研究成果为类脑研究奠定了更为坚实的生物学基础。

2.1　脑科学发展现状

本节主要从认识脑的角度简要概述脑科学的发展、脑科学研究的科学问题及取得的研究成果，有关内容主要参考杨雄里院士所著的《脑科学的现代进展》。

2.1.1　脑科学发展概述

在脑科学中，脑这个词通常有两层涵义。狭义地讲，脑即中枢神经系统，有时特指大脑；广义地讲，脑可泛指整个神经系统，因此神经科学可等同于脑科学。对神经科学曾有过各种定义，其中较有代表性和权威性的是美国神经科学学会的定义："神经科学是为了了解神经系统内分子水平、细胞水平及细胞间的变化过程，以及这些过程在中枢的功能、控制系统内的整合作用所进行的研究。"

在19世纪以前，对精神活动的研究属于哲学的范畴，认识精神活动的主要方法是内省(introspection)，因此心理学的研究方法曾经在脑科学研究中占主导地位。从 19 世纪中期起,实验心理学方法取代了内省的传统方法,并从对感觉的研究转入对学习、记忆、注意、感知等主观经验本身的分析研究,从而使人类对脑功能的认识出现了重大的进展。然而,实验心理学的研究方法是一种黑箱(black box)式的研究,借助于这种研究,人们根据黑箱的输入与输出之间的对应关系来演绎和推测脑的活动和工作方式。由于脑这个"黑箱"具有高度复杂性,因此做的实验越多,所揭示的复杂性也越多,几种对立的假设都同样可以解释由实验得到的观察结果,从而使研究者陷入无所适从的尴尬困境。经过漫长的历程,人们认识到,为了从纷繁的现象中理清头绪,必须打开这个"黑箱"。因此,描绘脑的各种组件、搞清楚各种组件之间的相互联系、分析其各部分的工作机制以及实现各种功能的协同机制等内容,就构成了脑科学研究中的两个传统分支:神经解剖学和神经生理学。

20 世纪早期,在神经解剖学和神经生理学两个领域都出现了一些划时代的成就,为脑科学的发展奠定了重要的基础。在神经解剖学方面的主要技术进展如下:20 世纪 50 年代电子显微镜的应用及追踪变性神经纤维束路的 Nauta 法,20 世纪 60 年代显示单胺类的诱发荧光法,20 世纪 70 年代出现的辣根过氧化物酶束路追踪法、免疫组织化学法和原位杂交法等。在神经解剖学研究方面的主要成就是由西班牙解剖学家 S. R. Cajal 确立的脑科学中的 3 个基本原理:第一个是神经元学说,确认神经元是构建神经系统的基本单元;第二个是动态极化原理(principle of dynamic polarization),确认电信号在神经细胞内沿特定方向流动,即自树突或胞体的接收部位流向轴突的触发区;第三个是连接特异性原理(principle of connectional specificity),指出神经元之间的连接是高度有序的和高度特异的。在神经生理学方面的研究也取得了长足的进展:从脑髓横断到用电流或化学方法破坏中枢核团,从电流刺激中枢核团到脑室灌流,从脑片技术、微电极、电压钳技术到斑片钳技术,等等。应用神经生理学方法研究脑科学的主要成就是揭示了神经元传递信息的电信号和化学信号的双重信号系统,其后又在神经冲动的发生和传导机制方面以及突触的化学传递理论的确立和完善方面取得了重要的进展。

自 20 世纪 50 年代以来,神经解剖学和神经生理学的结合逐渐形成重要的发展趋势。对于神经活动基本过程的了解需要从形态和功能上进行协同研究:在解剖上需了解神经元之间是怎样连接起来的;在功能上需了解神经元是如何活动的,它们所组成的回路是如何对信息进行处理的。从 20 世纪 60 年代起步的视网膜神经元回路在形态和功能上的协同研究最具代表性。

从 20 世纪 50 年代起,传统意义上的神经解剖学和神经生理学的壁垒正在逐渐被打破,这种学科融合的趋势反映了研究深入后出现的需要。在 20 世纪 60 年代后期,神经科学概念的出现是人类认识脑的历程中的一个里程碑。事实上,即使是解剖和生理的协同也不足以满足脑科学研究的需要。随着化学传递成为研究的中心问题，神经化学和神经药理学开始崛起，其他学科也逐渐介入神经系统的研究，其中生命科学领域细胞生物学和分子生物学在20世纪中期以后的急速发展对脑科学研究产生了深远的影响。J. D. Watson和F. Crick对DNA的重要发现，使人们对神经活动的了解开始进入细胞和分子水平，分子生物学作为神经科学研究方法的重要组成部分广泛应用于神经系统的发育、分化和功能调节等生理病理过程的研究中。

近年来，脑功能成像技术的应用使得脑这个"黑箱"逐渐透明起来。其特色与优势如下：①使脑功能活动的部位和范围可视化，从而准确定位大脑皮层的功能区；②无创研究人脑的形态结构与功能活动；③从整体水平上研究脑的形态与功能。利用脑功能成像技术对人脑的各种高级功能进行研究，发现了大量科学事实，证明了脑功能的模块化是一种动态的组装过程。例如，关于语言的脑功能模块由数十个脑结构组成，并按一定时序参与进来，从而完成听、说、读、写、思等不同的语言功能，以及每一句中不同的语法成分和不同的声调韵律等。在感觉、运动、识别、学习、记忆等各类脑功能中，同样验证了脑高级功能的模块论。可以预见，各类脑功能成像技术的联合使用以及更多新技术的采用，将使得神经回路执行高级功能的真实过程更加清晰，从而促使认识科学在更多准确可靠的研究数据中结出硕果。

计算神经科学是神经科学的一个新分支，也是人工智能领域的一门基础学科（常称为神经计算、计算智能）。它根据人与动物在感知、行为与思维等过程中的实验数据、研究成果、理论假设进行建模，提出各种算法，并利用计算机进行模拟和验证。计算神经科学是脑模拟研究的基础，因此离不开脑神经系统这个实体。尽管脑模型必然比原型简化了很多复杂的生物学过程，但其呈现出来的类脑特性在各种人造系统中大有用武之地。

脑科学的研究历史约有200年左右，在这段不算太长的历史中，先后有心理学、解剖学、生理学、生物化学、分子生物学、脑成像、计算神经科学等新学科、新方法的加入。每一门新学科的参与都带来新的研究方法和新的进展。这是脑科学作为一门统一的综合性学科诞生的前夜，脑科学研究领域不断取得重大进展，过去有着悠久传统、各自独立的相关学科间的壁垒逐渐瓦解，在对脑的研究中，人们力求多学科的交叉、协同与融合。1962年，F. O. Schmitt在美国麻省理工学院创建了神经科学研究规划组织（Neuroscience Research Program，NRP），这是一个由不同学科的科学家组成的校际、国际的交叉学科组织，其宗旨是在不同的神经和行为学科之间，建立起跨越各种思维方式和专业鸿沟的桥梁，并逐渐建立起一门统一的现代意义上的神经科学或脑科学。1969年，美国神经科学学会成立，其后许多国家和国际的神经科学学会相继成立，有关的新杂志和著作与日俱增。1972年，美国加州大学圣迭戈分校医学院成立了第一个以神经科学命名的学系后，各校纷纷效仿。同时，许多其他学科的杰出科学家大量涌入这一领域，从而导致了 30 多年来神经科学的爆炸性发展。

2.1.2　脑科学研究的科学问题

现代脑科学将研究内容从神经科学拓展到认知神经科学，研究的科学问题包括以下几个主要方面。

(1) 揭示神经元之间的连接形式，奠定行为的脑机制的结构基础。人脑的神经元数量高达 10^{11}，突触总数达 10^{14}～10^{15} 数量级，神经元虽然具有类似的基本特征，但因连接方式的不同而产生不同的作用。神经元间的连接方式极其复杂和精细，正是由这些连接构成的基本神经回路成为脑功能的基础。

(2) 阐明神经活动的基本过程。在分子、细胞到行为等不同层次上对神经元的兴奋过程、信号的转导、信号经突触的传递、信号对靶细胞活动的调制等具有普遍意义的基本过程进行研究。

(3) 鉴别神经元的特殊细胞生物学特性。研究问题包括：①神经元众多表型的差异是如何产生的；②每个神经元的不同部分是如何特化为接收或传递信号的结构的；③神经元的长突起是如何维持的；④在神经元胞体和其突触间的通信是如何维持的；⑤在获得经验和老化的过程中，神经元发生了什么变化；⑥在胚胎发育过程中或在损伤后的修复过程中，神经细胞是怎样连接起来的；⑦神经元之间是如何相互寻找和识别的。

(4) 认识实现各种功能的神经回路基础。了解神经元科学组成回路，不同神经元信号间如何相互作用，如何通过信号的串行性处理和平行性处理实现完整的信息处理，这些都是揭示脑奥秘的重要环节。

(5) 揭示脑的高级功能机制。对脑的高级功能的研究构成脑研究中非常特殊的一个方面。这一类问题是一种特殊的系统水平问题，不可能期待通过细胞和分子事件的阐述来解决。问题的实质是，必须去揭示由处于不同脑区的大量神经元组装成的功能系统的设计原理。从某种意义上来说，这是脑科学的长远目标。

(6) 阐明神经系统疾患，从病因、机制去探索新的治疗手段是脑科学的重要应用性目标。

(7) 开拓更广的应用前景。脑科学的研究成果除了在神经和精神性疾患的诊断、治疗方面具有广泛的应用前景外，对计算机技术和人工智能的发展同样具有不可替代的重要作用。脑在信息传输、加工方面有许多独有的特点，对脑的工作原理的阐明将为智能信息处理系统的进一步发展提供重要启示。

2.1.3 脑科学的主要研究成果

尽管到目前为止，脑科学的研究成果远未揭示脑的全部奥秘，但从已有的认识来看，对脑的总体工作原理至少有以下几点是比较清楚的。

(1) 脑的基本性运作主要是在分立的脑区进行的。例如，视觉信息处理与听觉信息处理的脑区很不相同，运动控制、记忆等的脑区也很不相同。

(2) 神经信息的处理兼有串行和平行方式。这两种方式可以发生在信息处理的不同层次上，在后面章节中分析的视觉信息处理是一个佳例。

(3) 在神经网络中，不同的信号单元通过交互方式相联系，并进行相互作用。这可以发生在一个局部的神经网络中，同样也可以发生在不同的远隔的神经网络中。

(4) 脑的高级认知功能是由广泛分布的神经元网络来实现的。例如，视觉性的想像除了有激活视皮层参与外，还有许多其他脑区参与。语言的产生更是人们熟知的多脑区参与的例子。

2.1.4 脑科学对脑高级功能的研究

几十年来，脑科学对脑高级功能的研究偏向两个极端：要么是整体性“黑箱”似的研究，要么是把这些功能还原成局部的神经网络或者是在简单的系统中还原成基本的过程或基本的细胞、分子事件。而对于以细胞、分子事件为基础的局部神经网络，在把它们组装起来构成庞大复杂的脑高级功能时，既缺少有成效的研究手段，在理论上又只有很模糊的想法。例如：

• 感觉信息如何整合成对外部世界和内部世界的感知？

• 意识是如何产生和如何被控制的？

• 突触和神经回路的可塑性与学习记忆的形成以及记忆的存入与检索之间是怎样的关系？

• 情绪产生的本质是什么？其怎样与脑整体活动相关？

• 语言的中枢表象是如何形成的？

• 思维和智力是如何产生的？

对于上述问题，脑科学现有的认识还远不透彻，还有待于创立一系列基于全新原理的方法，把离子通道、突触、神经元的兴奋和抑制等概念与脑高级功能之间沟通起来。人们已经认识到，揭示脑这个复杂系统的奥秘不可能完全依赖细胞与分析水平的脑科学研究。分子组成了细胞便不再是原来意义上的分子；神经细胞组成了神经回路便不再是原来意义上的细胞；神经回路组成了神经网络直至最后组成了脑，亦不再是原来意义上的神经回路。因此，必须将微观层次与系统层次的研究结合起来研究脑的高级功能。

目前，脑成像技术的时间、空间分辨能力已大幅度提高，新的无创伤检测脑活动的技术正在发展；在清醒动物上多电极同时记录不同脑区神经元的技术将出现突破，从而使得神经元群体活动与脑高级功能的相关研究进一步深入。另外，智能科学的发展将进一步揭示脑执行各种高级功能的算法，并将新的概念不断引入脑科学中。例如，把脑功能看作脑与环境相互作用的自组织或称为动力学分析、非线性系统分析等，其已经开始用于知觉的脑模型；基于神经生物学的实验资料、具有透彻数学分析的脑的高级功能模型有可能在脑科学产生重大突破。

2.2　人脑的形态与功能

在研读文献的基础上，对人脑的形态与功能概括如下。

2.2.1　人体神经系统概述

神经系统是人体的主导系统。人体内外环境的各种刺激由感受器感受后，经传入神经传至中枢神经系统，在此整合后再经传出神经将整合的信息传导至全身各器官，调节各器官的活动，保证人体各器官、系统活动的协调以及机体与客观世界的统一，维持生命活动的正常进行。

神经系统分为中枢神经系统和外周神经系统。中枢神经系统包括位于颅腔内的脑和位于脊柱椎管内的脊髓。外周神经系统是联络于中枢神经与周围器官之间的神经系统，其中与脑相连的部分称为脑神经或颅神经，共 12 对；与脊髓相连的部分称为脊神经，共 31 对。根据所支配的周围器官的性质不同，周围神经又可分为躯体神经和内脏神经。躯体神经分布于体表、骨、关节和骨骼肌，内脏神经则支配内脏、心血管的平滑肌和腺体。

人体神经系统作为人体的主要信息调控系统，其体系结构的简化模型如图 2.1 所示。人体神经系统各子系统的功能和相互关系如下。

中枢神经系统是信息处理机构。人体外部环境和内部的各种活动状态信号经各种传入神经传递到中枢，分别在一定的中枢部位进行分析、处理；从中枢产生的信号再经传出神经传至效应器，从而引起腺体和肌肉的活动。中枢神经系统又可分为高级和低级两个部分：以大脑皮层为中心的高级中枢神经系统包括大脑、间脑和小脑，人脑高级功能主要由高级中枢神经系统实现；脑干和脊髓属于低级中枢神

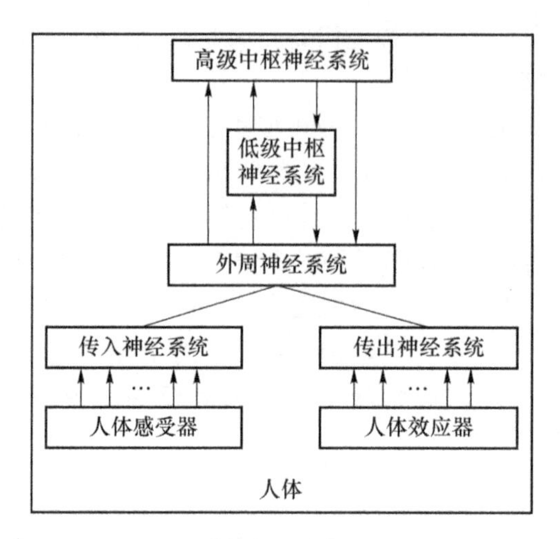

图 2.1　人体神经系统的基本组成

经系统，它们向上与高级中枢神经系统联系，向下按节段地发出周围神经（12 对脑神经和 31 对脊神经）和全身外周器官联系。

外周神经系统包括传入神经系统和传出神经系统。传入神经系统接收来自人体各种感受器的信息，传入中枢神经系统进行信息处理；传出神经系统将中枢神经系统发出的关于人体生理状态调节与运动姿态控制的指令信息传至人体的各种效应器，产生相应的生理状态调节与运动姿态控制效应，以保持人体的正常生理状态，让人体进行各种有意识的生命活动，实现各种有目的的动作行为。

人体具有各种感受器，神经系统通过感受器接收内外环境的变化。感受器具有换能作用，可以将各种信号“翻译”成神经能够理解的语言，再向中枢神经系统传递。例如，存在视觉感受器（眼）、听觉感受器（耳）、嗅觉感受器（鼻）、味觉感受器（舌）、触觉感受器（皮肤）以及痛觉、温觉、压觉等体内神经末梢感觉器。

人体效应器是以中枢神经内的下位运动神经元向外周发出的传出纤维终末为主体而形成的，这些终末止于骨骼肌、脏器的平滑肌或腺体，可支配肌肉的活动或腺体的分泌。

2.2.2　中枢神经系统的形态与功能

中枢神经系统（central nervous system）由脑和脊髓组成，其基本结构如图 2.2 所示。

中枢神经系统主要由两类细胞构成：神经细胞（神经元）和神经胶质细胞。神经细胞是系统功能的主角，而神经胶质细胞是配角。神经细胞的功能是接收从其他神经细胞传入的信号，再将这些传入信号转换为新的传出信号，并传给别的神经

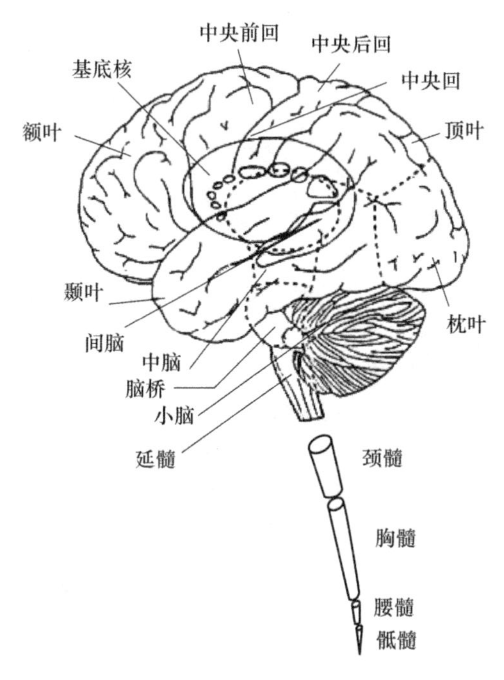

图 2.2　中枢神经系统的基本结构

细胞。简略地说，神经细胞的树突和胞体负责接收/转换传入信号，轴突负责输送(传导)传出信号。通常，轴突端部呈微细分枝状，各枝末端再通过称为突触的结构和其他神经细胞的树突及胞体形成结合。轴突也称为神经纤维，神经通路便是由许多神经纤维汇集而成的。从周围向中枢传送信号的神经通路称为上行神经通路，从中枢向周围传送信号的神经通路称为下行神经通路。

用肉眼观察中枢神经系统时，会发现神经细胞的胞体聚集部位呈灰白色，因此称这种部位为灰质；轴突聚集部位因其中的一种脂质成分——髓磷质反射光线呈白色，因而称这个部位为白质。在大脑半球和小脑中，被称为皮层的表层部分由灰质组成，而被称为髓质的中心部分则由白质构成。脑白质中还有一些神经细胞团，称之为核。

1. 脑的基本构成及其功能

人脑功能和物质基础的复杂程度与解剖结构的复杂程度相对应。对脑的认识首先应从解剖结构入手。脑位于颅腔内，由延髓、脑桥、小脑、中脑、间脑和大脑构成。一般又将延髓、脑桥和中脑合称为脑干(brainstem)。图 2.3 和图 2.4 分别为全脑的外侧面观和内侧面观。

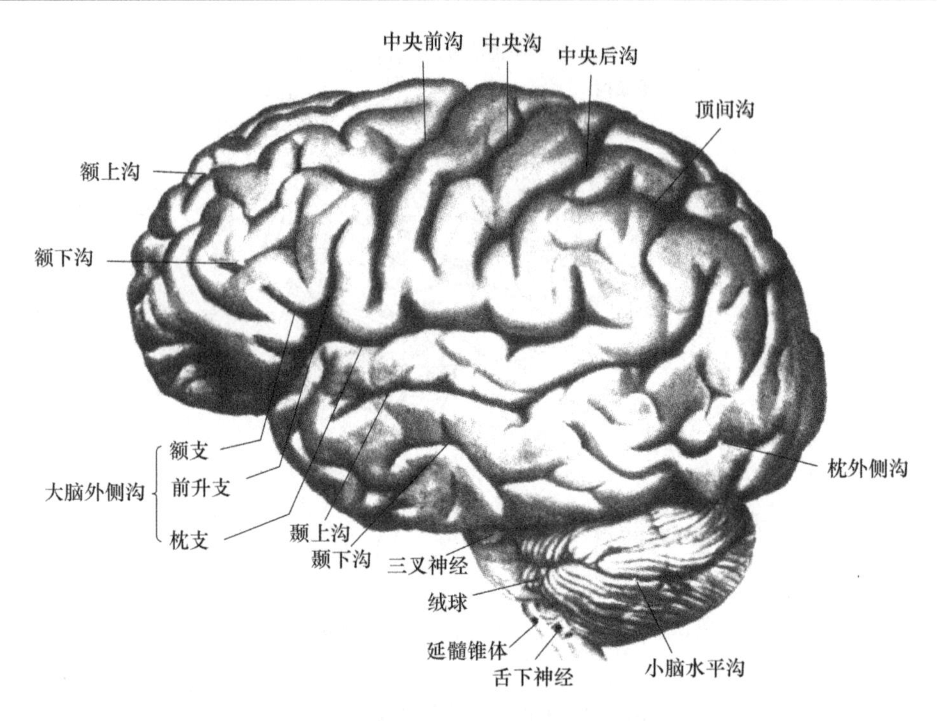

图 2.3　全脑的外侧面对

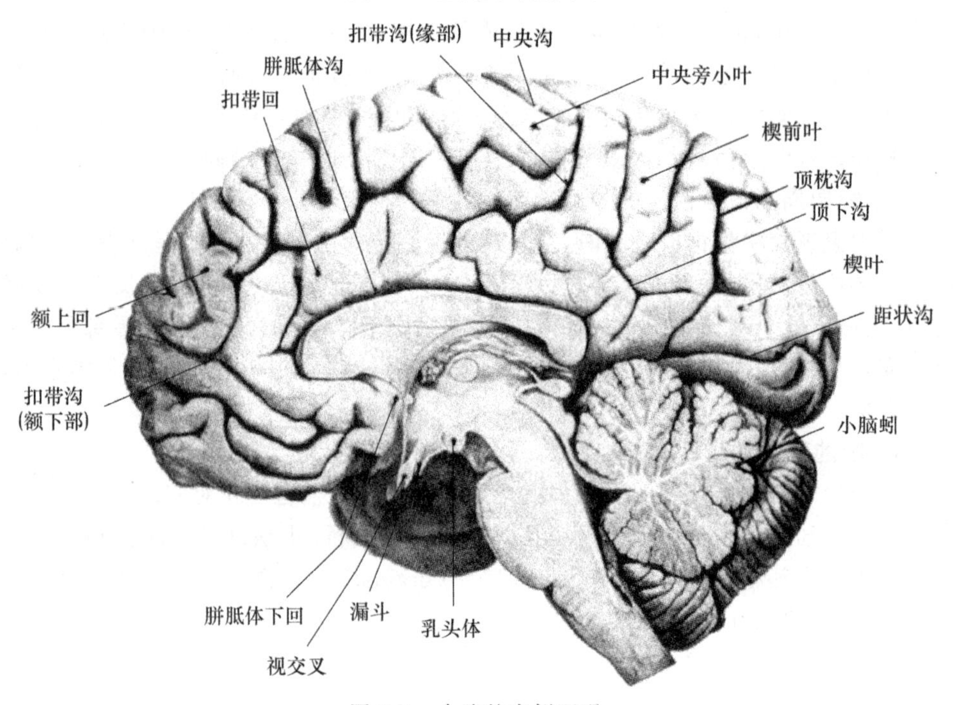

图 2.4　全脑的内侧面观

(1) 脑干

脑干尾端在枕骨大孔处续于脊髓,向吻侧与间脑相连,是大脑与小脑和脊髓之间联系的干道。脑干由下至上可再分为延髓、脑桥和中脑,其结构如图2.5和图2.6所示。由于这些部分大多夹在大脑左、右两半球之间,因此外观上只能看见和脊髓相连的延髓。脑干内含许多重要的生命中枢,如心血管运动中枢、呼吸中枢等。由脑干发出Ⅲ～Ⅻ等10对脑神经。

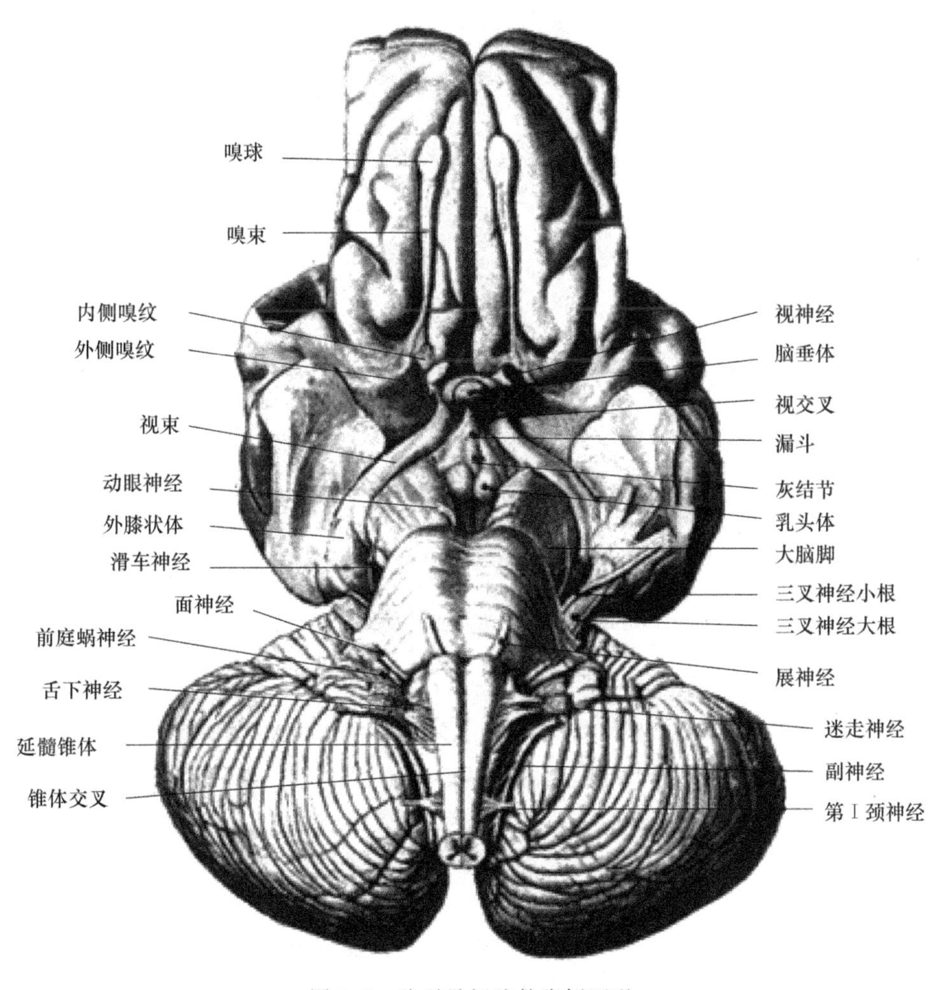

图2.5　脑干及间脑的腹侧面观

(2) 小脑

小脑(cerebellum)位于延髓和脑桥的背面,略呈卵圆形。小脑的前面与脑干的背面共同围成第四脑室,两侧借3对小脑脚与脑干相连。小脑下脚(绳状体)由来自脊髓和下橄榄核向小脑投射的纤维组成;小脑中脚(桥臂)主要由脑桥发出的

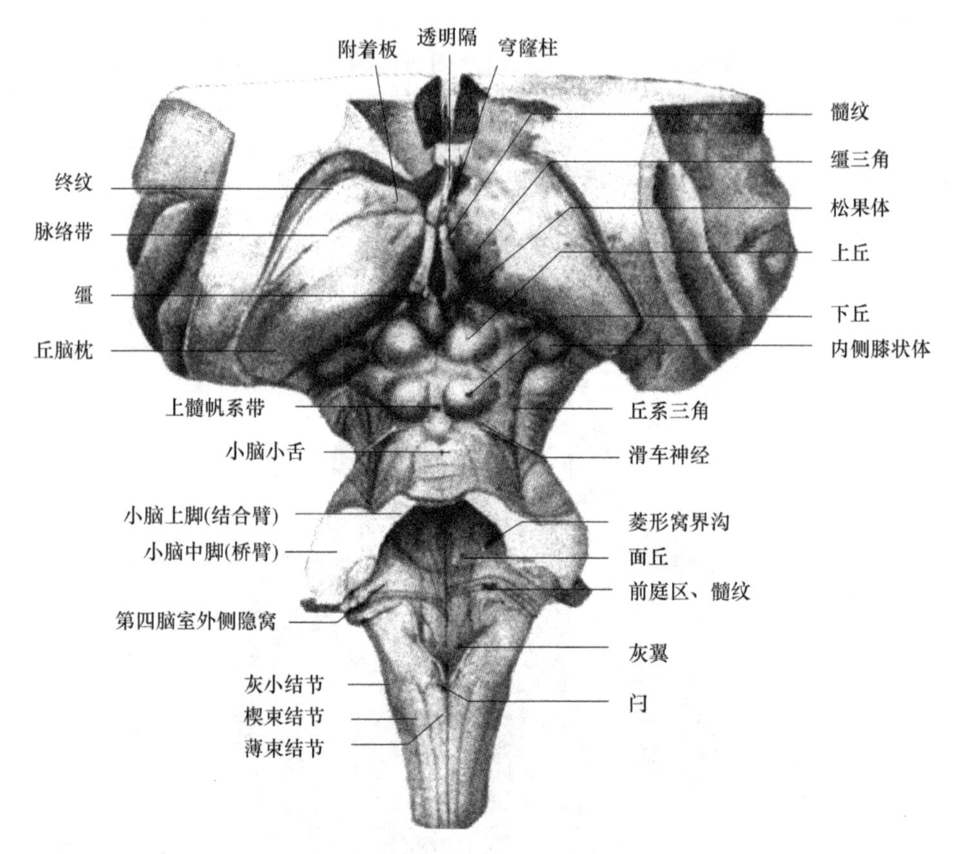

图 2.6　脑干及间脑的背侧面观

纤维组成;小脑上脚(结合臂)主要由小脑的传出纤维以及来自大脑皮层等处的传入纤维构成。小脑通过这些传导途径接收脊髓、前庭和大脑皮层等部位传来的各种信息,经小脑整合后,再由反馈环路协调运动机能。

小脑是与运动调节有密切关系的(大脑)皮层下中枢,它的发展与动物的运动方式及复杂化程度密切相关。成人小脑重约 150g,约占脑重的 10%。由图 2.7 可以看到,小脑分为左、右小脑半球(cerebellar hemisphere)及中间的蚓部(vermins)。小脑的表面为一层由灰质构成的小脑皮层(cerebellar cortex),白质位于其深部,称为髓质,埋藏在髓质内的灰质团称小脑核或中央核,包括顶核、球状核、栓状核及齿状核 4 对核团。小脑皮层表面生有较密且深的平行的横沟将之分为横行的薄片,这些薄片称为小脑叶片(cerebellar folia),每一个叶片均由皮质和髓质构成。一般认为小脑中进化上较古老的部分与维持身体平衡和调节肌张力密切相关,而进化上较新的部分则与大脑皮层所控制的随意运动的协调有密切关系。

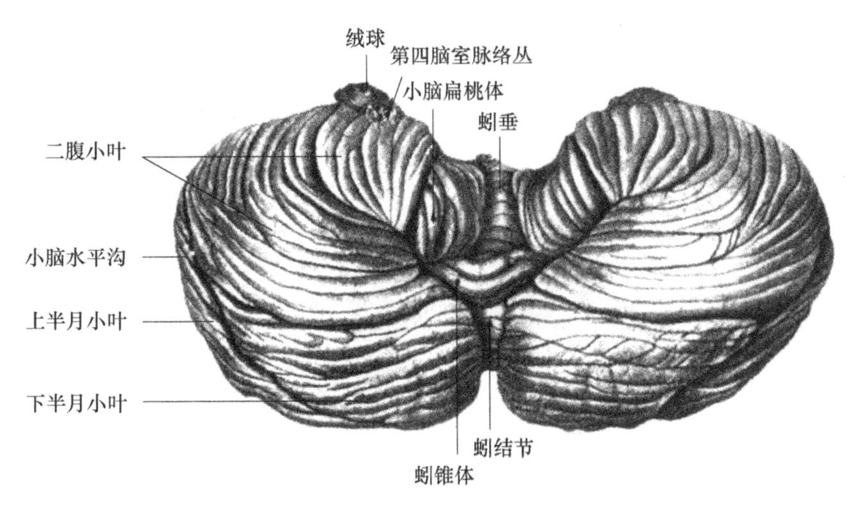

图 2.7　小脑的后面观

(3) 间脑

间脑(diencephalons)位于端脑与中脑中间,结构和功能都十分复杂。由于在发生过程中端脑高度发育和扩展,因此间脑的两侧和背面都被大脑半球所掩盖,仅腹侧部的视交叉、视束、灰结节、漏斗和乳头体等暴露于大脑半球额部的底面。间脑一般划分为丘脑、上丘脑、下丘脑、后丘脑和底丘脑等五部分,图 2.8 为间脑示意图。

丘脑(thalamus)是间脑中最大的部分,位于间脑的背侧部。丘脑中有很多神经核团,负责中继各种感觉通路到大脑皮层的输入(除嗅神经外),另外也接收和中继其他上级中枢的信号。除了作为信息的中继站外,丘脑中被称为特异性核团的部分主要直接中继某些特定信号,而被称为非特异核团的部分则具有综合处理信号的功能。

(4) 大脑

大脑〔cerebrum,又称端脑(telencephalon)〕是由不同区域组成的。这些区域有着特定的形状和纹理,按一定的方式互相折叠、交联在一起。目前对这种交联方式已有一定的了解。大脑包括左、右两个半球及连接两个半球的中间部分(称为胼胝体),看上去像坐落在脑干上。脑干基部逐渐变细成为脊髓。在它背面悬于大脑之后的突出物是小脑。对脑的绝大部分而言,每一区域在脑两侧的分布是一样的。如图 2.9 所示,如果在脑中间画一条线作为轴,则可看出脑相对于这个轴是对称的。

大脑是中枢神经系统中体积最大的部分,也是神经功能的最高级中枢。每个大脑半球的皮层称为灰质,中心部分的白质称为大脑髓质(cerebral medullary substance),白质中存在的较大灰质核团称为大脑基底核。大脑按功能不同可分为大脑皮层、基底核和边缘叶三部分。

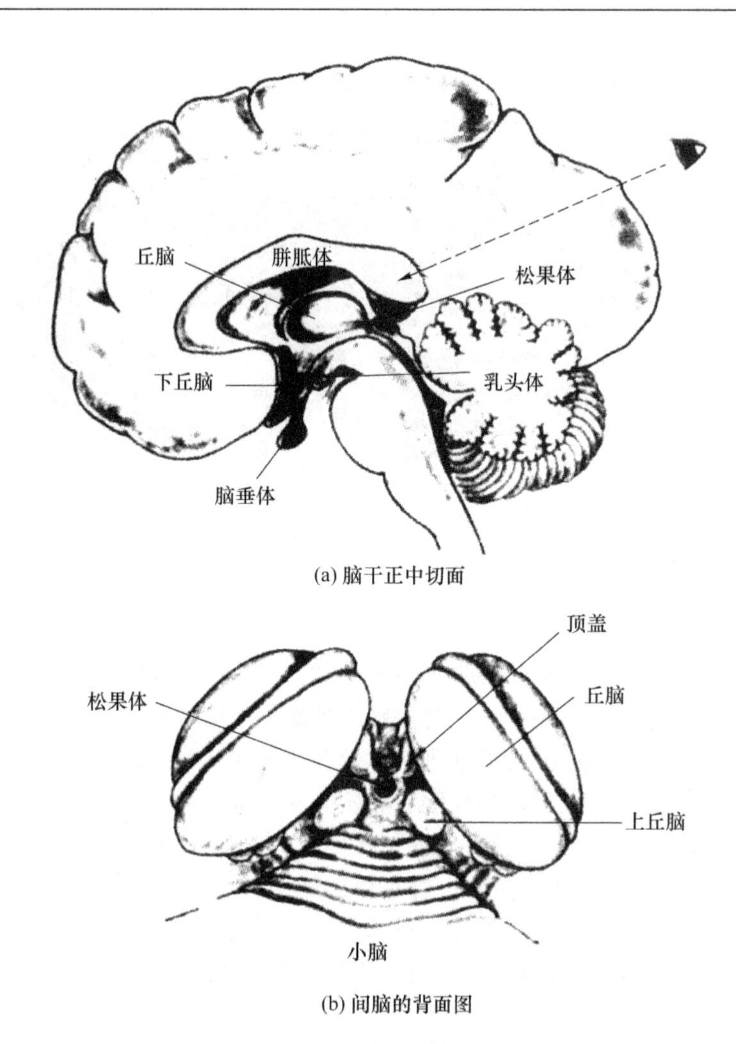

(a) 脑干正中切面

(b) 间脑的背面图

图 2.8　图(a)与间脑的联系没有体现出来

① 大脑皮层(cerebral cortex)

大脑皮层是神经系统的最高级部位,也是脑的高级功能的物质基础。大脑皮层表面有许多沟回,若展平所有沟回,其面积约为 2 200 cm^2。大脑皮层可以按功能划分成若干区域,这一特性也称为大脑皮层功能定位。大脑皮层的神经细胞有 6 层,据推测,其中所包含的细胞总数约为 140 亿个。大脑皮层的最外层(Ⅰ层)由神经纤维构成;Ⅱ层至Ⅵ层分别包括许多大小和形状不同的神经细胞,它们通过突触彼此相连,形成了一个复杂的神经网络。同时,这些神经细胞也与下一级中枢相互联络。大脑皮层中庞大而复杂的神经网络构成了生物体反射活动的高级中枢,高级中枢是记忆、学习等脑高级功能的基础。

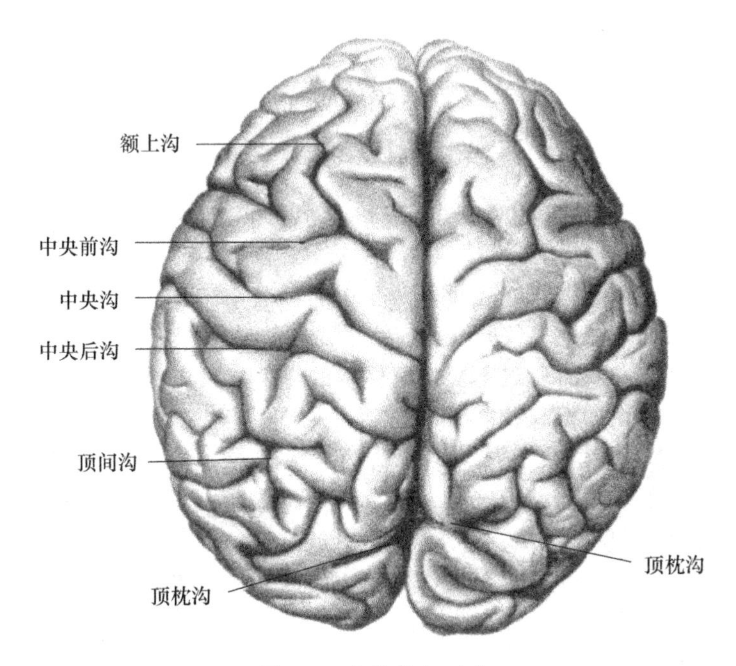

图2.9 大脑的上面观

② 基底核(basal nuclei)

在大脑半球基底部的髓质内有一组复合的核团，总称为基底核，包括尾状核(caudate nucleus)、豆状核(lentiform nucleus)、杏仁核(amygdaloid body)和屏状核(claustrum)，如图2.10所示。由于屏状核及杏仁核与尾状核、豆状核无关，因此在功能上多将尾状核、尾状核以及与两核功能相关联的黑质和丘脑下核称为大脑基底核。豆状核外层和尾状核即大脑功能部位中的纹状体(corpus striatum)。大脑基底核特别是纹状体接受来自大脑皮层及丘脑的传入信号。一般认为，这些信号经过基底核之间复杂的神经回路处理后，通过豆状核及黑质被进一步传入间脑。

③ 边缘叶(limbus lobe)

边缘叶是指在新皮层下方包绕脑干的一些脑结构，如扣带回、海马、海马旁回和梨状区等。有人将与边缘叶皮质结构相似的区域和在功能上与它有密切关系的一些皮层下结构(如隔区、杏仁核群)称为边缘系统(limbus system)。边缘系统之间在功能与联系上均十分密切，不仅与嗅觉关系密切，还与情绪活动和记忆等有密切关系。海马是边缘系统内的重要结构。海马及其相邻结构(包括嗅内皮层、旁海马回、嗅周皮层)与陈述性记忆有密切关系。杏仁核群位于颞叶背内侧部、侧脑室下角顶前上方，后端与海马相邻。它可分为许多大小不等的核团，通常分为皮层内侧核群和基底外侧核群两个主要核群。嗅觉信息在杏仁核传入中占重要地位。杏仁核的神经元有低的自发活动,已证明在内侧杏仁核汇聚了各种不同感觉。

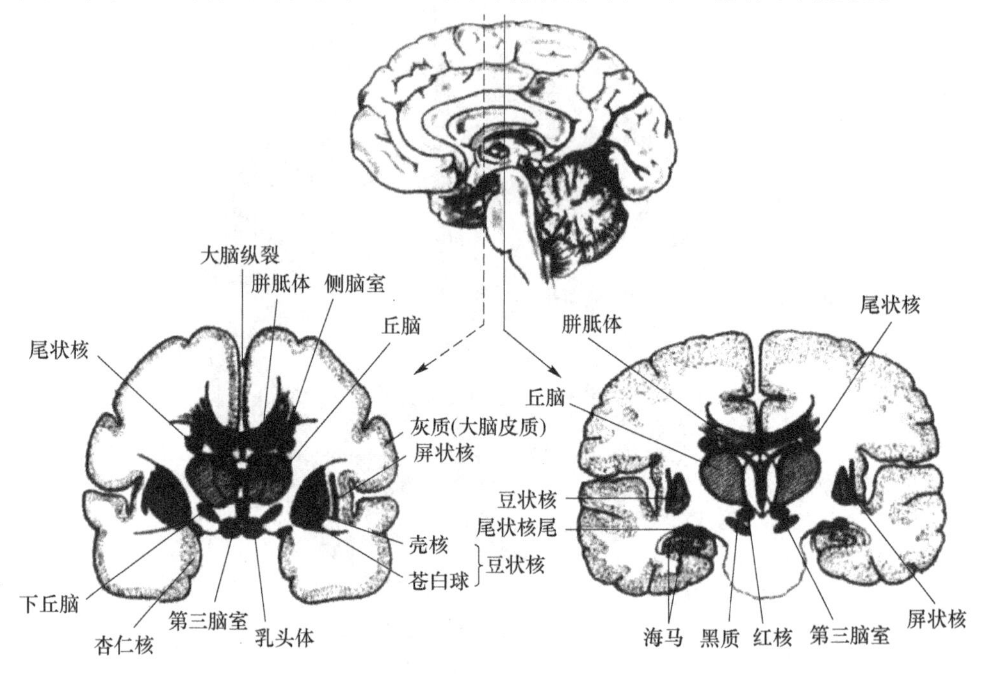

图 2.10 大脑的前额断面

2. 脊髓的基本结构及功能

脊髓(spinal cord)重约 30～35g,仅占中枢神经系统全重的 2%,略呈圆柱形。其上端于平齐枕骨大孔处与延髓相连,下端尖细如锥,为脊髓圆锥。脊髓的结构特点是分节段,不同节段脊髓与躯体相应部分的感觉与运动功能有关。人的脊髓全长共 31 节段,其中包括颈髓 8 节、胸髓 12 节、腰髓 5 节、骶髓 5 节、尾髓 1 节。每节均有相应的一对脊神经与之相连(如图 2.11 所示)。

脊髓由灰质和白质构成。观察图 2.12 中脊髓的横断面,可以看到蝴蝶形的灰质位于脊髓中央,内含大量神经细胞团。白质环绕在灰质周边,其内含密集的有髓纤维。由于脑表层为灰质,而中心为白质,因此也把脊髓称作"反转的脑"。在脊髓不同的横断面上,灰质和白质的比例不同,这是由于脊髓各阶段的神经细胞和神经纤维数目有很大的差异所致。腰髓切面的内部结构一般左右对称,中央蝴蝶形为灰质,两个突出部分称为前角和后角。后角内神经元属于感觉性的,接收由后根传入脊髓的来自体表、体内的各种感觉纤维。而前角含有大、中、小型神经元,如 α、γ 运动神经元,中间神经元等。运动神经元发出纤维到各个运动器官。白质中包含各种传入(感觉)及传出(运动)纤维,这些纤维是混合成束的,构成各个神经束。躯干、四肢的各种信息,包括体表温、冷暖觉、触觉、体内本体觉、压觉等都必须通过脊髓内各种上行纤维束的传导而到达脑。而脑发出的各种运动命令也由脊髓内各种下行纤维束传导到各节段，然后才能实现其感觉和运动功能。

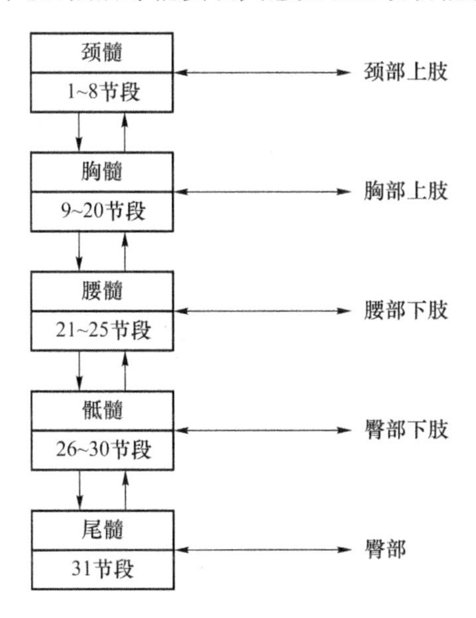

图 2.11　脊髓的节段结构

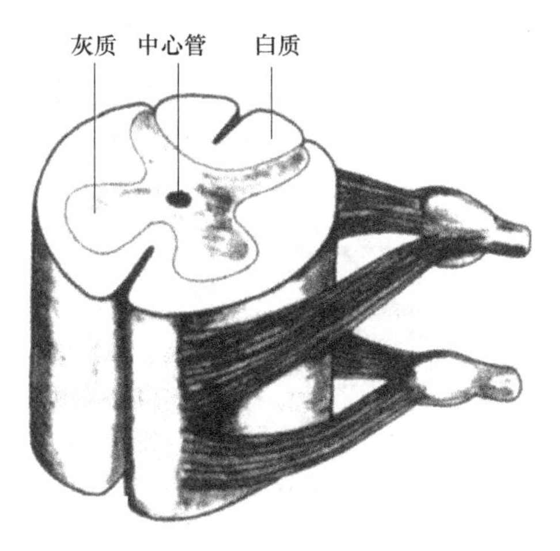

图 2.12　脊髓的横断面

脊髓除了有传导功能外，还能完成许多反射活动。每节段内的感觉传入纤维和送出运动命令的传出纤维以脊髓为中心组成反射弧，完成肌体对一些刺激的反射。牵张反射和屈肌反射都是典型的脊髓反射。图 2.13 描述了牵张反射的情况。当肌肉受到牵拉时，骨骼肌上的张力感受器便会产生信号，该信号由后根到达脊髓反射中枢，反射中枢的发出信号由脊神经纤维经前根传出，支配同一骨骼肌的运动神经引起该骨骼肌的收缩。脊髓由此成为快速反应的局部控制器，当人体局部组织受到侵害时，这一局部控制器可以快速反应避免受到伤害。由于神经脉冲在神经纤维中的传送速率低(小于 100 m/s)，如果所有信息都要送到大脑皮层，经过分析综合再做出反映，就有可能造成不可挽回的损失。脊髓局部控制器可发挥快速反应的作用，有效地保证机体的正常活动。此外，脊髓还通过脊神经到达交感神经链，控制内脏和腺体的活动。

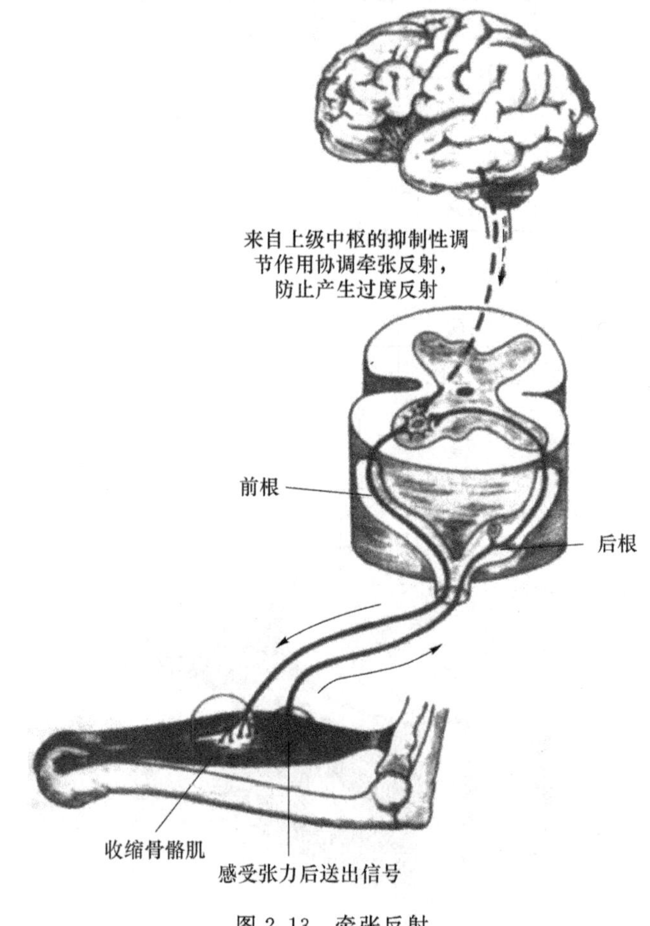

图 2.13　牵张反射

2.3　基于脑功能成像方法的脑“解读”研究

近年来，脑科学对脑的研究在细胞与分子水平上将其功能与结构结合起来，研究神经元、突触及神经网络的活动规律，不但研究感觉与运动等一般生理功能的控制，而且还开始研究更为复杂的精神意识，力图探索行为、思维等脑的高级功能的神经机制。神经科学和信息科学的交叉与融合形成了基于神经功能分子显像的神经信息学。在人类脑计划中，神经信息学是神经科学家和信息学家利用现代化信息工具，将脑的结构和功能的研究结果联系起来，建立神经信息学数据库和有关神经系统所有数据系统，对不同层次脑的研究数据进行检索、比较、分析、整合、建模和仿真，绘制出脑功能、脑结构和神经网络图谱，达到"认识脑、保护脑和创造脑"的科学目标。

2.3.1　脑功能成像技术

脑功能成像技术属于功能影像学的范畴。功能影像学能在人体器官的解剖形态基础上，更多地反映相应组织器官的生物学特点，如功能、血流、代谢等，可分为整体、器官、组织和细胞水平等功能，具有无创、实时、活体、特异、精细显像等独特性质。因此，脑功能成像技术能够在无创条件下了解人在思维和行为过程中脑的功能活动，是目前脑的高级功能研究中最常采用的实验方法。

1. 功能磁共振成像技术

随着核磁共振成像(MRI)技术的发展，对脑的认知功能进行成像成为可能。功能磁共振成像(functional MRI，fMRI)技术是一种通过刺激使大脑皮层各功能区在磁共振设备上成像的方法，它通过将功能、影像和解剖 3 种因素融为一体来定位活体人脑的各功能区，具有很高的空间分辨力。

在脑功能 MRI 中，并非直接观察大脑皮层内神经元的功能活动或神经元的代谢变化，而是观测由与神经活动关联的脑部皮质血容积、血流和血氧合的改变而引起的 MR 信号变化，从而对脑的各种认知功能中枢(如视听觉、运动、语言、记忆和思维等)进行成像。

根据成像原理，脑功能 fMRI 可分为 3 类：第一类是灌注基础上(perfusion based)的 fMRI，以示踪剂在脑内的时间过程来计算脑血流；第二类是血流基础上(flow-based)的 fMRI，可探查大血管里的血流变化；第三类是在磁敏感对照基础上(susceptibility contrast based)的 fMRI，是对神经元活动的敏感性最强的一类，如血氧水平依赖性(Blood Oxygenation Level Dependent，BOLD)方法，BOLD 方法是最常用的 fMRI 技术。

2. 磁共振波谱成像技术

磁场对电子的作用会引起原子核位置的微小变化，即"化学位移"。"化学位移"可使原来具有固定空间的共振原子核所产生的频率发生少许变化，以波谱形式表现出来，即磁共振波谱(MRS)，将 MRI 提供的空间信息及由 MRS 提供的化学信息进行综合，即得到磁共振波谱成像（MR-SI）。其在脑功能研究中主要应用于如下方面：①脑内氧化反应的定量分析及神经元死亡的判断；②对神经元破坏范围的描述和评估；③细胞膜的改变；④脑病的特征性代谢改变。

3. 正电子发射计算机断层显像技术

正电子发射计算机断层显像（Positron Emission Computed Tomography，PET）技术将半衰期很短的发射正电子的放射性标记物（如 18F-2-脱氧核糖、H215O 等）注入人体，这些放射性示踪物在人体内放出光子，计算机控制的闪烁探头在脑部四周旋转探测并记录光子出现的动态过程，计算脑内葡萄糖等相关物的代谢率，可以观察人脑认知时，脑部血流量、糖代谢率和氧消耗的变化等，由此检测脑部生理代谢活动与精神和心理活动的关系。因此，PET 技术是在分子水平上显示活体器官代谢、受体和功能活动的影像技术，除了可获得图像外，还可借助于一定的生理数学模型，求出局部脑葡萄糖的代谢率，以了解脑的功能。

4. 脑电图技术

脑神经细胞自发的、有节律的放电活动被称为脑电波。应用电子放大技术将脑部的生物电活动放大 100 万倍，通过头皮上两点间的电位差，或者头皮与无关电极或特殊电极之间的电位差描记出脑波图线，称为脑电图（Electroencephalogram，EEG）技术，其可用于研究大脑的功能状态。

5. 脑磁图技术

脑磁图（Mapetoencephalography，MEG）是研究脑磁场信号的脑功能图像技术。人的大脑内产生的磁场包括两部分：一部分是由脑内的磁性物质产生的恒定磁场；另一部分是由活动的神经电流产生的交变磁场。脑磁图记录的是从头皮表面记录到的交变磁场，该磁场是神经元突触后电位电流所形成的相关脑磁场信号。

脑磁图对人体无创、无放射性，是目前最先进的磁源成像技术，它采用低温超导技术（SQUID）实时地测量大脑磁场信号的变化，将电磁信号转换成等磁线图，与 MRI 解剖影像信息叠加整合后，可形成具有功能信息的解剖学定位图像，具有极高的时间和空间分辨率。

6. 事件相关电位技术

20 世纪 60 年代，Sutton 提出了事件相关电位（Event-Related Potential，ERP）的概念，通过平均叠加技术从头颅表面记录大脑诱发电位来反映认知过程中大脑的神经电生理改变。ERP 因为与认知过程有密切关系，所以被广泛应用于脑功能研究，在心理学、生理学、认知神经科学及医学临床等领域取得了巨大成就，被誉为“观察脑功能的窗口”，有很高的研究与应用价值。

ERP 是一种特殊的脑诱发电位，一次刺激诱发的 ERP 的波幅约 2～10 μV，这比自发电位（EEG）的波幅小得多，因此 ERP 会淹没在 EEG 中，无法测量。但 ERP 具有波形恒定和潜伏期（ERP 波形与刺激间的时间间隔）恒定的特点。利用这个特点，对被试施以多次重复刺激，将每次刺激产生的含有 ERP 的 EEG 加以叠加与平均。ERP 波形在每次刺激后是相同的，而作为 ERP 背景的 EEG 波形与刺激之间无固定关系，ERP 与叠加次数成正比，而随机噪音 EEG 则随叠加次数的增加而减小。

经典 ERP 的主要成分包括 P1、N1、P2、N2、P3，其中前三种为受刺激物理特性影响的外源性(生理性)成分，而后两种为与被试的精神状态和注意力有关的内源性(心理性)成分。P3 是 ERP 中最受关注的一种内源性成分，也是用于测谎的最主要指标。

7. 单光子发射计算机断层显像技术

单光子发射计算机断层显像(Single Photon Emission Computed Tomography，SPECT)为利用发射 γ 射线的放射性核素进行器官断层显像的技术。脑功能 SPECT 主要包括局部脑血流(rCBF)、脑代谢显像和脑神经受体显像。近几年，有学者开始应用铟或碘生长抑制素受体进行脑功能和受体研究。

8. 光学成像技术

光学成像方法较多，其突出的优点为只产生非离子低能量辐射，敏感性高，可进行连续、实时监测，无创，价格相对较低等。

在光学成像方法中，内源光信号成像(Intrinsic Optical Signal Imaging，IOSI)技术是一种到目前为止具有最高空间分辨率和毫秒级时间分辨率的脑功能成像技术，为研究皮层大范围内的功能构筑提供了有力的工具。利用激光散斑成像(Laser Speckle Imaging，LSI)技术则可以得到高时间分辨率和空间分辨率的脑皮层血流分布图像。而基于扩散光子密度波的近红外光谱(Near-infrared Spectroscopy，NIRS)技术则可以以较低空间分辨率(数毫米)但较高时间分辨率(毫秒)对皮层活动进行无损观测。此外，弱相干光学层析成像技术和多光子激发荧光显微成像技术还具备高分辨率的纵深成像能力。

应用光学成像技术可对由皮层功能活动引起的一系列代谢活动产生的发色团〔如血红蛋白、细胞色素氧化酶(CO)或 NADH 的状态改变时发生的吸收、荧光、磷光等光学特性的变化〕或组织本身光散射特性的变化进行研究。目前，对近红外光谱成像技术的研究最多。

实践表明，脑功能成像技术的应用能够为揭示脑的认知机制提供越来越多的事实和数据。例如，EEG 可以反映人在不同意识状态下大脑的活动，如在安静放松闭目时脑电活动以 a 波为主，反映了大脑活动的同步化增强，而在睁眼及非放松情况下脑电活动以 b 波为主。在觉醒—入睡—浅睡眠—深睡眠的过程中随着意识状态的变化脑电会发生特有的较为稳定的变化。ERP 更能精细地反映发生某种特定事件(如注意、回忆、阅读、说谎等)时的脑电特异性变化，时间分辨率达毫秒级。fMRI 可以把人的思维活动在真实的脑解剖像上呈现出来，包括脑区、活动强度、时程等。例如，在记忆时脑的海马区活动增强，在恐惧时涉及杏仁核脑区，在文字阅读时涉及左枕颞叶底面结合部，甚至连顿悟的机制都可以揭示，最近有报道称顿悟或灵感主要产生于扣带前回。PET、MEG 等也能从不同角度证明精神活动的脑机制。MRS 属于分子成像的范畴，能反映精神活动的分子变化等。

脑功能成像技术的应用已经为高级认知功能的脑机制研究带来了深远的影响。然而，现有脑成像技术本身及其在认知领域的应用仍然存在着诸多不足。例如：脑功能成像技术的空间分辨率相对于神经细胞的大小仍显得粗糙；脑功能成像技术提供的只是脑电等生物学参数，脑代谢功能成像的激活区反映的是区域性脑血流量、脑代谢或血氧浓度的变化而非神经细胞活动本身，而这些变化与脑功能的关系尚需深入研究。此外，脑功能成像的研究是以行为实验为基础的，因此严格的实验设计非常重要。

脑电图或脑磁图、事件相关电位等类信号的实时性好，时间分辨率高（可以达到毫秒），但空间分辨率很低。近年发展起来的功能磁共振成像技术、正电子发射计算机断层成像技术、单光子发射计算机断层显像技术以及近红外光谱技术等多种成像技术均能够达到很高的空间分辨率，但时间分辨率较低。例如，fMRI 信号具有毫米级的空间分辨率，但时间分辨率一般为数秒。目前，常采用的是具有高时间分辨率和高空间分辨率的多模态同步实验技术，如 ERP/fMRI 同步实验技术或 EEG/fMRI 同步实验技术等。多模态数据可从不同角度反映脑活动的规律，信号具有互补性，成为当前脑功能成像研究领域的发展方向。

在脑功能研究方面，采用 EEG 和 fMRI 数据融合方法解决激活源定位、连通性分析、大脑神经活动演化过程获取等问题的思路逐步占据主导地位。在视觉感知、运动激活、体觉映射、被动刺激与注意响应、听觉、幻觉、目标监测、人脸识别、睡眠、语言等领域，EEG/fMRI 数据融合方法得到广泛应用，提出的脑模型和真实大脑更加接近。随着对大脑工作机理的更深入认识，神经活动和电磁信号、BOLD 信号之间的关系逐步明确，生物电信号的产生规律、血液动力学响应和 BOLD 信号之间的关系逐步被揭示，未来的研究将集中如下方面：在快速高效地构造脑模型，降低复杂度的同时准确描述大脑局部电磁特性和结构特点；选择更恰当的模型描述血液动力学响应，寻找 EEG 和 fMRI 信号产生的共同基础；引入更好的融合算法，等等。

2.3.2 脑功能成像研究

脑功能成像技术的发展为观察脑的认知活动提供了更为直观的方法，不仅可以验证认知心理学提出的各种理论和假设，还可以引导对认知机制及规律的揭示，从而为拟脑研究提供生物学基础。近年国内外研究情况如下。

1. 记忆机制的脑功能成像研究

（1）多重记忆系统模型的实验证据

自 20 世纪 70 年代以来，认知心理学在有关记忆的研究中就提出了多重记忆系统的观点。目前引用最广泛的是 L. Squire 的系统分类法，即将记忆分为陈述性记忆和非陈述性记忆。陈述性记忆分又为情节记忆和语义记忆；非陈述性记忆又分为程序性记忆和启动效应等。在 20 世纪 90 年代之前已经有许多行为研究和脑疾病患者的研究支持这一分类模型，伴随着脑成像技术的发展与应用，其还得到了很多来自脑神经实验的支持。R. A. Poldrack 等人进行的脑功能成像实验表明：程序性记忆条件伴随有明显的纹状体活动，而陈述性记忆条件则伴随有明显的海马区域活动。这一实验成功地分离了纹状体和海马区域在陈述性记忆和程序性记忆中的功能，并表明多重记忆系统的模型在大脑中是可以找到相应的功能区域和对应的活动范畴的。脑功能成像技术为多重记忆的认知加工模型提供了与行为研究一致的数据，使多重记忆系统的假设得到越来越多的科学家的认可。

（2）内隐记忆和外显记忆的实验证据

P. Graf 和 D. L. Schacter 根据记忆加工的不同特点，将记忆分为内隐记忆和外显记忆，认为内隐记忆可由对记忆无意识地间接测试获得，而外显记忆可以通过对过去记忆有意识地直接测试获得。在间接测试中被试无须意识到他们在测试中的反应和记忆有关。H. L. Roediger 认为外显记忆是概念驱动过程，是有意识和需要注意资源的过程；内隐记忆和外显记忆无论在加工特点上，还是在任务执行中都应属于两个不同的系统。脑成像技术研究不仅明显地支持了这两个记忆系统的存在，而且还证明两者的脑区定位是不同的。M. M. Kean、J. Gabrieli 和 H. Mapstone 试图从神经生理学的角度解释内隐记忆和外显记忆的双向分离。他们发现：双侧颞叶受损的患者外显记忆受损而内隐记忆保持完好；而双侧枕叶受损的患者内隐记忆受损而外显记忆保持完好。通过这两个实验的对比研究可以得出以下的结果：内隐记忆和外显记忆是两个分离的记忆系统，双侧颞叶有可能是执行外显记忆的脑区，而双侧枕叶则有可能是执行内隐记忆的脑区。这一结果在神经系统水平上支持了在有关内隐记忆和外显记忆的研究中行为实验范式所得出的相同结论，为两个记忆系统的研究提供了重要的支持性证据。

（3）再认记忆双加工模型的实验证据

20 世纪 70 年代认知心理学家在研究再认记忆时提出了双加工模型，认为在再认过程中存在着两种形式：“熟悉性”和“回想”。在对过去事件的回忆中，可以基于回想，也可以基于对事件熟悉性的评估。神经心理学家使用 ERP 技术对“熟悉性”和“回想”再认记忆进行了大量的研究，发现“熟悉性”和“回想”有不同的脑皮层分布。例如，对健忘症病人的再认，海马区域在“回想”中起着重要的作用，而颞中回和颞下回的周围结构则对“熟悉性”很重要，因此这两种形式的记忆可能有不同的神经机制。FMRI研究表明,左侧前额叶和稍后的顶叶活动分别与熟悉性和回想有关。这表明,“熟悉性”再认和“回想”再认分别依赖不同的神经机制,是功能分明的两个过程。脑科学技术的实验研究支持了再认记忆双加工模型。

(4) 工作记忆认知模型的脑功能成像研究

工作记忆的脑机制是认知神经科学研究中的重要问题。在分析大量脑成像研究数据的基础上创建了许多解释工作记忆神经基础的模型。例如,E. Smith 和 J. Jonides 发展了工作记忆成分结构模型和贮存与执行加工分离模型。B. R. Postle 和 M. D'Esposito 建构了工作记忆相对表征混合模型。M. D'Esposito, B. R. Postle 和 B. Rypma 阐述了工作记忆加工阶段动态模型。P. C. Fletcher 和 R. N. Henson 提出了工作记忆额叶分区整合理论。

由 A. Baddeley 和 G. Hitch 提出的工作记忆(Working Memory, WM)模型是对信息暂时保持与操作的系统,它在表象、言语、创造、计划、学习、推理、思维、问题解决和决策等高级认知活动中起着非常重要的作用。E. E. Smith 和 J. Jonides 主要采用 PET 研究了工作记忆的结构成分,综合分析得出如下结论。

第一,工作记忆系统存在加工空间、客体和词语信息的不同成分。空间工作记忆多定位于右半球,而词语工作记忆多定位于左半球。

第二,词语工作记忆负荷参量任务表明,有关成分随着记忆负荷的增加表现出某些活动的增多,而与工作记忆无关的大脑部位未表现出这种记忆负荷效应。而且,记忆负荷敏感区与非敏感区激活的时间进程不同。这表明前额叶皮层的不同部位负责工作记忆中可分离的加工成分。

第三,至少在空间和言语工作记忆中存在可分离的成分,其负责信息的被动存贮和主动保持,存贮成分定位于大脑后部,保持成分定位于大脑前部。

E. E. Smith 和 J. Jonides 提出了一个修正的工作记忆结构模型,该模型认为任何视觉输入都可根据信息的类型进行编码。空间信息通过“where”枕顶通路输入,客体信息通过“what”枕颞通路输入,而视觉输入的言语符号可以从视觉表征转换为语音表征。因此,输入到工作记忆中的 3 类信息就由 3 种不同的工作记忆子系统分别处理。词语和空间保持分为缓冲存贮和复述加工两个功能。词语信息在左半球单侧化,空间信息在右半球单侧化。

2. 言语产生机制的脑功能成像研究

认知心理学认为,言语的产生是从深层结构到表层结构的过程。大多数心理学家认为言语产生中词汇的通达可以用三阶段模型来概括:①构造阶段,依照目的来确定要表达的思想;②转化阶段,应用句法规则将思想转化成言语的形式;③执行阶段,将言语形式的消息说出来或写出来。在确定说什么和实际说出来之间存在着各种转换过程,即从思维依次转换为句法、词汇和言语等不同层次的言语结构。可以将此转换过程看成不同的加工阶段。

近年来 P. Lndefrey 和 W. Levelt 等人运用脑成像元分析法得到了言语产生的大脑激活过程：视觉和概念上的引入过程先涉及枕叶、腹侧颞叶和前额叶，然后激活传至储存单词音韵代码的韦尼克区。这种信息先传播至布罗卡区和颞左中上叶进行后词汇音韵编码，然后进行语音编码。这一过程与感觉运动区和小脑有关，激活感觉运动区进行发音。可以看出，P. Lndefrey 等人的脑成像元分析所获得的数据很好地支持了言语产生的三阶段模型的理论假设。

目前关于言语产生的具体过程存在着两个具有重要影响的模型：一个是 G. S. Dell 的交互激活模型；另一个是 W. Levelt 和 A. Roelofs 等人的序列加工模型。G. S. Dell 的交互激活模型认为，从语义到语音的提取有 3 个层次：最上层是语义层，其节点代表语义特征；中间是 Lemma 层，包含大量的单词或词条；最下层是音素层。在言语产生时语义特征节点将它们的激活扩散到相应的单词或词条节点，然后它们的激活再扩散到音素节点。交互是指激活可以在网络中不同层次间的任何可能的节点之间传递，所有的节点之间的联系都是双向的。而序列加工模型则认为，言语产生中的词汇通达经历了两个分离的阶段——词条选择和音位编码，在词汇选择之后才进行音位编码。在第一个阶段语义特征的激活会传输到多个词条上。然而这些表征之间会产生竞争，经过选择之后最终只剩下一个最符合词义的目标词。此时音位编码才开始工作。如何检验这两种观点？近年来随着脑科学技术的发展，言语产生的认知神经机制的研究有了突破性进展。G. I. De Zudicaray 等利用 fMRI 脑成像技术研究了图画-词汇干扰实验范式中的语义干扰效应，发现产生语义干扰效应时，引起了颞中回、左后颞上回、左前束状回以及双侧额叶的激活。该结果提示：语义干扰效应处于音韵提取水平，这表明激活能够在概念加工和音韵提取水平之间进行扩散，可以看出该项实验结果可作为支持交互激活模型的一个有利证明。

3. 推理机制的脑功能成像研究

推理是一类重要的人脑高级认知功能，主要形式有归纳推理、演绎推理和类比推理等。推理的神经基础和信息加工机制研究是识脑研究的重要内容之一，也是人工智能等类脑研究领域的前沿课题。基于脑功能成像技术的推理机制研究主要集中在功能定位方面，举例如下。

V. Goel 等人采用 PET 技术和 fMRI 技术开展实验研究，并发表了系列研究论文。实验表明，归纳推理主要激活左侧脑区，包括左侧额中回、额上回和带回，左侧前额等脑区，以及双背侧额叶、顶叶和枕叶等皮层区。演绎推理主要激活了左侧额-颞神经网络，其中关于具体内容的三段论推理主要激活语言系统(language system)加工区，而关于抽象内容的三段论推理则主要激活视觉空间系统(visuospatial system)加工区。此外，V. Goel 等的实验研究还观察到进行类比推理时，左脑顶叶下部皮质角回区的脑血流有极明显的增加，因而认为左脑角回可能是进行类比推理的主要部位。

1997 年 V. Parbhakaran 等对瑞文推理测验中的问题进行了区分：第一种问题通过完全匹配就可以得以解决；第二种问题需要进行简单的视空间图形分析才能得以解决；第三种问题需要通过复杂的抽象的推理过程才能得以解决。fMRI 研究表明，相对于图形问题，被试在完成抽象问题时表现出双侧额叶皮质、左半球颞叶、顶叶、及枕叶区域的显著激活。V. Parbhakaran 等认为，双侧额叶皮质的激活可能与瑞文推理时各加工环节的调控、答案的形成有关，而顶叶的激活可能与瑞文推理时图形空间关系的表征有关。由于瑞文推理测验采用的一些题目在形式上与类比推理十分类似，因此该研究从某种意义上有助于了解类比推理时的脑区活动情况。根据有关瑞文推理和演绎推理的研究结果可推测，大脑左半球的前部和后部皮质区可能在类比推理中起重要作用。

D. Oshersom 和 L. MParsons 的实验表明，演绎推理激活了右侧枕叶、右侧基底节以及左侧前额皮层，因此认为演绎推理是由右脑的逻辑专用网络(logic specific network)进行的。K. Christoff 等人的 fMRI 实验也认为归纳推理的重要组成——关系集成过程与双侧前额最外侧区以及右前额背外侧部有关。

4. 推理与言语关系的脑功能成像研究

推理与言语的关系是认知心理学研究领域中的一个重要话题。心理逻辑理论认为：在推理过程中，人们使用抽象的、没有内容限制的推理规则来进行有效的推理，推理是由言语信息加工过程实现的。心理模型理论则认为：人们通过建构心理模型来表征外部世界那些可能的状态，并通过描述和证实这些模型来推导有效的结论；人们在推导过程中保持和操作的乃是事物的结构特征，演绎推理是由一个视觉空间加工过程来实现的。

以往的行为研究在这两种理论的选择上无法给出令人满意的一致结果。借助于脑功能成像技术，人们终于可以用一种新的方法来重新考察这两种理论的不同观点了。对此问题研究的基本逻辑可以这样来设定：如果某种特定的思维过程基本上是“言语的”，那么在进行这种思维活动时，大脑中负责言语信息处理的区域就会参与；反之，如果某种思维过程本质上是“空间的”，则大脑中负责空间信息处理的区域就会参与。支持心理逻辑的 V. Goel 等人运用脑功能成像技术发现，无论是完成演义推理任务还是归纳推理任务，都没有空间记忆中观察到的脑区活动，而且在物体空间位置表征中至关重要的后部顶叶也没有被激活。因而 V. Goel 等人判断：推理是一个言语信息的加工过程而非空间信息加工过程。支持心理模型理论的 M. Knauff 等人运用脑成像技术观察到，被试在解决容易形成视觉表象或容易形成空间表征的线性三段式推理任务中都有顶叶和楔前叶的激活，而这两个脑区被认为是典型的参与视觉-空间信息加工的脑区。结合 V. Goel 和 M. Knauff 的实验研究，人们发现线性三段推理过程中似乎总是需要空间信息加工的参与，而范畴三段推理却没有激活空间信息加工区域。这就引出了一个新的理论假设——双重机制理论。双重机制理论认为：在思维推理中，既可以基于逻辑结构进行推理，也可以基于以往的经验进行情景的、特意的、启发式的推理。而且人们只有在没有适当的背景知识可供参照的条件下，才会进行形式逻辑结构的推理。V. Goel 等人的进一步研究支持了该理论的观点。在人们熟悉和不熟悉的两种环境中完成包含明显空间关系的推理任务时，发现人们可能采用不同的信息加工策略来解决不同的信息推理问题。在有现有知识可利用的情况下，人们会采用启发式策略，靠与语义记忆有关的额-颞叶系统来进行推理；在没有现成知识可利用的情况下，人们会利用形式逻辑规则，靠与空间信息加工有关的额-顶叶系统来进行推理。

通过以上来自认知神经科学的证据，人们不仅重新审视了原有理论假设的合理性与缺陷，还调整并建构了更为合理的新理论假设。双重机制理论的提出和证实表明：在思维过程中，既不能简单地将其判定为“言语的”，也不能将其判定为“空间的”，必须在明确所采用的具体推理策略的前提下来探讨大脑的机制。这一启示不但对思维的研究是有价值的，而且对认知过程中任何一个局部的研究都是有意义的。

5. 顿悟产生机制的脑功能成像研究

自从柯勒 1917 年提出顿悟的概念以来，顿悟一直是思维研究中吸引人注意的话题。但是人们一直对很多问题无法回答：顿悟的动力过程是怎样实现的？有哪些关键的脑神经结构参与了这个过程？这些神经结构又是怎样和认知过程对应的？由于技术手段的问题人们始终无法回答甚至无从涉及这些问题。脑功能成像技术为直接观察脑在处理复杂信息时的活动状态提供了强有力的研究手段，使得人们能够以毫米水平的精确程度记录大脑在一瞬间的活动状况，从而为研究顿悟的大脑机制提供了适合的技术手段。

中国科学院心理健康研究所罗劲发表的名为“顿悟的大脑机制”的报告记录了人类大脑在顿悟时的活动状况。报告指出：从心理过程看，顿悟是一个在瞬间实现的问题解决视角的“新旧接替”过程。它包括两个方面：一个是新的、有效的解决问题的思路如何被实现；另一个是旧的、无效的问题解决的思想如何被抛弃（即思维的定势如何被打破）。在脑功能成像实验中发现；在被试产生顿悟时海马被激活。进一步的脑成像研究表明：海马只有在加工与当前任务有关的联系时才活动，而且任务相关联系越多，海马的激活越强烈。结合海马功能的其他研究以及演化心理学的理论和动物心理学的实验，罗劲认为顿悟的发生需要海马的参与。而海马参与顿悟的事实意味着，人类思维的重新定向有可能和空间定向的过程共享一个神经机制。这一思考就涉及人类顿悟中的问题表征方式如何进行变换的问题。有关顿悟的表征变换理论认为：当不适当的问题表征阻碍人们有效地解决问题时，想要成功地解决问题的关键在于问题表征方式的变换，这实际上仅仅意味着把一个问题表征到能够使答案变得明朗的程度。那么这种变换是如何实现的？它是以一个线性言语的方式实现的还是以一个空间视觉的方式实现的？为了研究这个问题，罗劲等人采用百科知识问题和脑筋急转弯作为实验对比材料，实验结果表明：大学生被试在得知百科知识的答案时更多地激活以左侧前额颞中回和左侧岛叶为中心的“知识言语”信息加工网络；而在得知脑筋急转弯的答案时则更多地激活视觉-空间信息加工网络，包括双侧的后部颞中回、枕中回、楔前叶以及左侧海马旁回。罗劲认为，在顿悟中，人们不仅需要转换思考的对象，更重要的是还要转换思考的背景，人们必须在作为信息加工对象的图形以及图形所处的参照框架之间进行操作比较，这个过程的完成有赖于视觉-空间信息加工网络。

从顿悟过程必须突破思维定势这一观点入手，罗劲等采用了“啊哈谜语”作为材料，利用脑功能成像技术得到的数据分析结果最终显示在打破原有的思维定势中，被明显激活的脑区主要有两个关键部位：一是扣带前回；二是位于或接近左腹侧额叶的岛叶和额下回。脑功能成像的进一步研究还证实了罗劲的理论预期，ACC 活动于思维定势打破的早期阶段起到一个预警系统的作用。

综上所述，顿悟过程中新意而有效的联系的形成依赖海马；问题表征方式的有效变换依赖一个非言语的视觉空间信息加工网络；思维定势的打破与转移则依赖扣带前回与左腹侧额叶。这是利用脑功能成像技术获得的关于顿悟大脑机制的最为详细的解释。

人脑是物质世界进化的最高级产物，也是世界上最复杂的信息处理系统。为了研究开发具有某种人脑高级功能的类脑智能系统，需要尽可能了解人脑的结构与机制，并从信息处理及工程学的观点进行分析、抽象与简化。人脑高级中枢神经系统是人脑实现高级功能的物质基础，也是类脑智能系统模拟和借鉴的原型系统。

本章小结

本章对脑科学的发展及其研究成果进行了综述，概括了现代脑科学研究的 7 个基本问题和 4 项重要研究成果。通过分析指出，目前脑科学在脑的高级功能研究方面尚未取得突破。新的进展一方面依赖脑科学成像技术和无创伤检测脑活动等技术的进一步发展，以便更紧密地将神经元群体的活动和脑的高级功能关联起来；另一方面，依赖智能科学的发展，以进一步揭示脑执行各种高级功能的算法，并将新的概念不断引入脑科学中。

本章从认识脑的角度对类脑智能系统的生物原型——人脑高级中枢神经系统的基本形态和功能做了简要介绍。本章还对脑功能成像技术及其脑“解读”研究情况进行了较详细的论述，总结了研究取得的主要成果。

本章参考文献

[1] 杨雄里.脑科学的现代进展[M].上海:上海科技教育出版社,1998.

[2] Nicholls J G, et al.神经生物学——从神经元到脑[M].杨雄里,译.北京:科学出版社,2003.

[3] 李继硕.神经科学基础[M].北京:高等教育出版社,2001.

[4] 罗学港,唐建华,等.神经科学基础[M].长沙:中南大学出版社,2002.

[5] 黄秉宪.脑的高级功能与神经网络[M].北京:科学出版社,2000.

[6] 小林繁,等.脑和神经的奥秘[M].孙晖,等译.北京:科学出版社,2000.

[7] 陈宜张,等.脑的奥秘[M].北京:清华大学出版社,2002.

[8] 吴蔚.脑科学和脑功能 MR 成像[J].上海生物医学工程,2003,24(3):31-35.

[9] 李天然,赵春雷.分子神经影像学及其在脑科学的研究应用进展[J].人民军医,2006,49(3):171-174.

[10] 胡德文,雷震.脑功能光学成像研究进展[J].国防科技大学学报,2001,23(4):78.

[11] 郭红梅.脑研究的困境与出路[J].广东教育学院学报,2003,23(2):88-89.

[12] 王甦.认知心理学[M].北京:北京大学出版社,2005:358.

[13] 刘昌.人类工作记忆的某些神经影像研究[J].心理学报,2002,34(6):640.

[14] Knauff M, Fangmeier T, Ruff C C, et al. Reasoning, models and images: behavioral measures and cortical activity [J]. Journal of Cognitive Neuroscience, 2003, 15:59-73.

[15] Haistl F, Bowden Gore J and Mao H. Consolidation of human memory over decades revealed by functional magnetic resonance imaging [J]. Nature Neuroscience, 2001, 4(11):1139-1145.

[16] 袁晓松.脑科学的发展对认知心理学的深刻影响[J].阴山学刊,2007,20(6):107-111.

[17] 杨治良,等.记忆心理学[M].上海:华东师范大学出版社,1999.

[18] 樊晓燕,郭春彦.从认知神经学的角度看熟悉性和回忆[J].心理科学进展,2005(3):314-319.

[19] Goel V, Gold B, Kapur S, et al. The seats of reason: a localization study of deductive and inductive reasoning[J]. NeuroReport, 1997, 8:1310-1315.

[20] Goel V, Gold B, Kapur S, et al. Neuroanatomical correlates of human reasoning[J]. Journal of Cognitive Neuroscience, 1998, 10(3):293-302.

[21] Prabhakaran V, Jennifer A L, Smith J E, et al. Neural substrates of fluid reasoning: an fMRI study of neocortical activation during performance of the Raven's Progressive Matrices Test[J]. Cognitive Psychology, 1997, 33:43-63.

[22] 罗劲,应小萍. 思维与语言的关系:来自认知神经科学的证据[J]. 心理科学进展. 2005,13(14):456.

[23] 王益文,林崇德. 工作记忆的认知模型与神经机制[J]. 心理科学,2006(2):412-414,418.

[24] 罗劲. 顿悟的大脑机制[J]. 心理学报. 2004,36(2):219-234.

[25] 张清芳,杨玉芳. 言语产生的认知神经机制[J]. 心理学报,2003,35(2):266-273.

[26] 周晓林,等. 言语产生的研究的理论框架[J]. 心理科学,2001,24(3):262-265.

[27] 国家自然科学基金委,中国科学院. 未来10年中国学科发展战略:脑与认知科学[M]. 北京:科学出版社,2018.

第3章　三中枢自协调类脑模型架构

人脑具有思维与智能。尽管脑科学的研究成果尚未揭示思维与智能的全部奥秘，但是脑的解剖学和神经心理学领域的研究成果已为类脑系统的研究提供了丰富的启示和灵感。面对人脑这种高度复杂精妙的生物原型，任何一种单一的神经网络模型或人工智能技术都难以提供有效的类脑方案，需要多学科理论、方法和技术的综合集成，更需要科学观方法论的革新。本章在早期研究工作的基础上，应用大系统控制论的结构分析方法，从生物控制论的角度对人体神经系统进行体系结构分析，提出一种三中枢自协调类脑模型架构。

3.1　人脑高级中枢神经系统的体系结构

从控制系统与信息系统的角度来看，人体神经系统是各种生物神经系统中智能水平最高、系统功能最全、体系结构最复杂的生物控制与信息大系统。因此，可以应用大系统控制论的结构分析方法，从生物控制论的角度对人体神经系统进行体系结构分析，建立人体神经系统的结构模型，以此作为人工智能系统的模拟对象和生物原型。

基于第2章对人体神经系统各主要部分的形态及功能的认识，从信息处理的角度进行分析、概括和简化，可得到图3.1所示的人体神经系统的简化体系结构。由图3.1可知，人体神经系统是由高级中枢神经系统、低级中枢神经系统和外周神经系统组成的多级生物控制与信息处理系统。

在人体神经系统中，以大脑皮层为中心，外部信息经脊髓、脑干、丘脑上达大脑，信息经过大脑的综合分析处理后，大脑会发出控制命令，该命令向下传到肌肉和腺体，从而支配机体的活动，使生物体能顺利完成生命活动的各个过程。因此，神经系统是一个复杂系统整体，各子系统之间在功能上和结构上相互联系、相互作用、相互配合和相互协调。根据神经系统的结构和各部分的功能可知，整个神经系

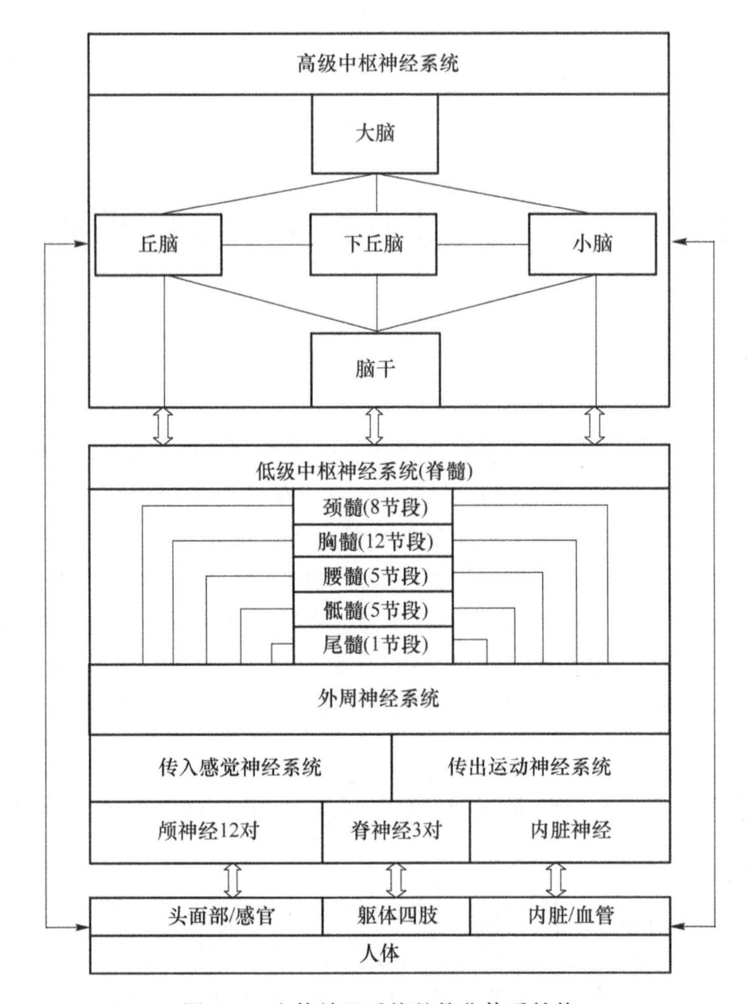

图 3.1　人体神经系统的简化体系结构

统的多级递阶结构相当于一个完善的多级计算机系统。其与一般多级计算机系统的不同之处在于存在几个专门的协调机构。这些机构将同类信息和控制命令有效地组织起来,从而能更充分地利用它们。其中小脑是运动协调中心,丘脑是感觉中心,而下丘脑则是内环境控制的协调中心。从信息传递和处理的角度来看,神经系统由多级递阶结构实现逐级协调和级间协调,有并行传递和处理的特点。

图 3.2 中给出人体的高级中枢神经系统(High-level Central Neural System,HCNS)的简化体系结构,包括大脑、丘脑、下丘脑-脑垂体、小脑等部分。根据各部分在实现脑高级功能的过程中的基本分工,大脑、丘脑、下丘脑-脑垂体、小脑、脑干可分别称其为思维中枢、感觉中枢、行为(或运动)中枢、激素中枢和生命中枢。

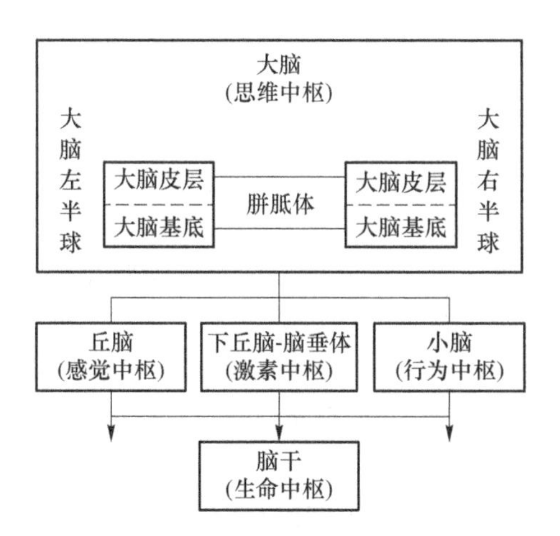

图3.2　高级中枢神经系统的体系结构

在该体系结构中,大脑包括大脑皮层和大脑基底,分为左、右两半球,即左脑和右脑。左、右脑由胼胝体相互连接,构成思维中枢,是最高级的中枢神经系统。作为感觉中枢的丘脑,是各种感觉信号的信息处理中心。对外周神经系统通过低级中枢神经系统传入的各种感觉信号进行整合。作为行为中枢的小脑的主要功能是协调人体的运动和行为,控制人体的动作和姿态,保持运动的稳定和平衡。通过低级中枢神经系统及外周神经系统,对人体全身的运动和姿态进行协调控制。下丘脑-脑垂体组成激素中枢,负责发放激素,调节各种内分泌激素的分泌水平,如甲状腺素、肾上腺素、胰岛素、前列腺素、性激素等。这些激素通过血液、淋巴液等体液循环作用于相应的激素受体,如靶细胞、靶器官,对人体生理机制的状态进行分工式调节和控制。作为生命中枢的脑干包括中脑、脑桥和延髓,其主要功能是调节和控制心率、脉搏、呼吸、血压和体温等重要生理参数,保持人体内环境的稳定和正常生理状态,控制人体的正常生命活动。

可见,高级中枢神经系统是具有多个信息处理中心和机能分工的多中心、分布式、分工式生物智能控制与信息处理系统。

3.2　类脑模型研究中的问题与类脑模型的研究策略

3.2.1　类脑模型研究中的问题

类脑模型研究是人工智能的重要分支,而人工智能属于信息领域。我国人工智能领域著名学者钟义信教授认为：人工智能存在问题的总根源是“科学范式的张冠李戴”。人工智能的研究之所以存在上述这些严重的问题，根本原因在于人工智能是一类开放复杂的信息系统，但却遵循了传统物质学科范式的方法论。

传统物质学科的方法论强调“分而治之”，因此人工智能被分解为连接主义的结构模拟、符号主义的功能模拟、行为主义的行为模拟三大学派，这种“分而治之”的结果割断了复杂信息系统各个子系统之间复杂而隐秘的信息联系，而这些复杂隐秘的信息联系正是复杂信息系统的生命线和灵魂。另外，传统物质学科的方法论强调“单纯形式化”，智能的决策能力根植于对研究对象的形式、内容、价值的全面理解，而施行“单纯形式化”丢失了智能的内核——内容和价值，单凭形式上的了解很难做出智能的决策。

对于上述问题，钟义信教授提出了信息学科范式，这是一种与传统物质学科范式的方法论完全不同的全新观点，具体来说就是要确立如下的科学观和方法论。

(1) 在信息学科的研究领域确立信息学科的科学观：

- 将研究对象看作主体与客体互动的、具有不确定性的信息过程；
- 强调主体的驾驭作用；
- 研究目的是实现主体的目标。

(2) 在信息学科的研究领域确立信息学科的方法论：

- 信息生态方法；
- 形式、内容、价值三位一体的整体化方法。

而在目前面向工程应用的类脑模型研究中存在着 3 个主要问题。

(1) 脑科学研究已经提供了关于脑总体工作原理的 4 项重要研究成果，但脑科学的研究成果远未在系统层次上揭示脑的奥秘。一方面，长期以来类脑研究是在对其生物原型的了解不十分透彻的基础上开展的；另一方面，现有的人工脑模型对已有的脑科学和神经科学的研究成果借鉴不足。

(2) 国内外关于类脑模型的研究已经取得了显著的进展，人们对于类脑模型的构建正在从硬件和软件两方面推进。进化硬件是一个新的思路，即电子设备中元件之间的物理连接可以按照某种遗传算法进行自我更新。然而，硬件的进化是一个极具挑战性的选题，进化的硬件在目前尚处于开发的初期阶段。

(3) 软件方面的关键是智能技术，传统人工智能技术的推理功能较强，擅长模拟左脑的逻辑思维功能，但欠缺学习及联想能力，难以模仿右脑的模糊处理功能和整个大脑的并行化处理功能。人工神经网络是基于对人脑组织结构、活动机制的初步认识而构建的一种新型信息处理体系。通过模仿脑神经系统的组织结构以及某些活动机理，人工神经网络可呈现出右脑的一些基本特性。然而，无论是推理机、认知机、感知机还是元胞自动机等都是某种初级的局部类脑模型，一般只能模拟某种简单的思维功能，其“智能”水平十分有限。

3.2.2 类脑模型的研究路径

1. 研究原则

面对人脑这种高度复杂精妙的研究对象，任何一种单一的神经网络模型或单一的传统人工智能技术都难以提供有效的类脑方案。因此，不仅需要人工智能技术不断取得创新性突破，还需要对各有千秋的传统人工智能学术思想和学术观点兼收并蓄，把各学术流派的长处融会贯通，在信息科学方法论的指导下，进行深入思考与科学求证。基于上述认识以及对人脑信息处理系统(即高级神经中枢系统)的结构、机制和功能的抽象和简化，作者提出一种模拟和借鉴人脑的类脑智能系统(简称类脑模型)基本架构。在现代脑科学尚未对人脑的全部奥秘了解透彻的背景下，类脑模型并不追求人脑的全面真实写照，但作为对人脑高级功能的抽象、简化和模拟，类脑模型应实现感知、学习、记忆、联想、判断、推理、决策等多种智能。

2. 研究策略

作者在构建类脑模型的基本架构时采取了以下研究策略：

(1) 将结构模拟、功能模拟、行为主义模拟多种研究路径的优势互补；

(2) 借鉴人脑高级神经中枢系统的简化体系结构；

(3) 借鉴人脑高级神经中枢系统的协调机制；

(4) 从基于信息-知识-策略-行为转换的机制主义研究路径中寻找突破口。

3. 机制主义通用人工智能理论精要

机制主义通用人工智能理论的创建者钟义信教授认为，智能生成机制的实质是信息转换与智能创生，具体转换与创生过程则是客体信息→感知信息→知识→智能策略→智能行为，如图3.3所示。

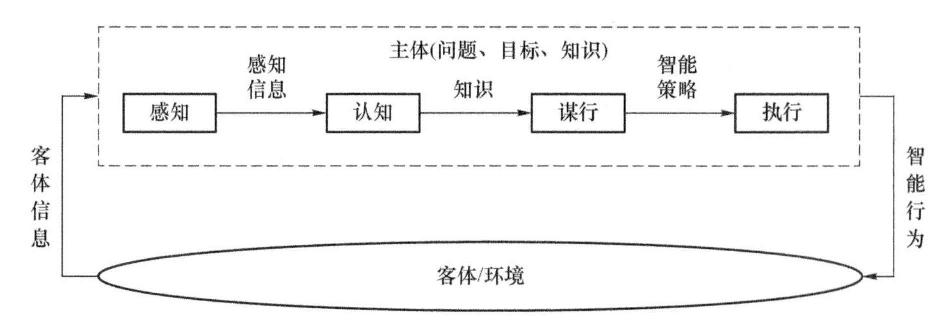

图3.3 智能生成机制示意图

智能生成机制是具有普适性的，普适性智能生成机制是人工智能研究的核心问题，也是人工智能研究的根本路径。因此，钟义信教授将以普适性智能生成机制为基础的研究路径称为机制主义研究路径。这是与现有人工智能研究路径截然不同的研究路径。

3.3 三中枢自协调类脑模型的研究内容

3.3.1 类脑模型的体系结构

研究对象的实体称为原型。给对象实体以必要的简化,用适当的表现形式或规则把它的主要特征描绘出来,则称之为模型。模型有结构,但模型结构与原型结构并不相同,但有直接或间接的联系。原型中必须考虑的结构问题都应在模型中有所反映,能以模型的语言表示出来。反映原型本质特性的主要信息必须在模型中表现出来,通过模型研究能够把握原型的主要特征。模型是对原型的简化,压缩一切可以压缩的信息,力求便于操作。

人脑是各种生物脑中智能水平最高、系统功能最全、体系结构最复杂的生物控制与信息处理大系统,因此应以人脑为类脑模型的模拟对象和生物原型。首先研究如何根据现代脑科学与神经生理学的研究结果,从生物控制论和大系统控制论的观点出发,应用大系统控制论的结构分析方法对人脑高级神经中枢进行体系结构分析、抽象和简化,以突出其信息处理的智能特色,淡化其信息处理的生理特色,从而构建在体系结构上和功能上模类脑高级中枢神经系统的三中枢自协调类脑模型。

从最基本的功能看,脑有四大功能:感觉、运动、调节和高级功能。感觉功能是指外界各种刺激传入脑的过程;运动功能是指脑和脊髓把指令传出到肌肉及内脏,使机体发生运动的过程;调节功能是指脑保持个体生存的过程;高级功能是指认知、注意、学习、记忆、语言、思维等。

根据脑的四大基本功能,图 3.4 为简化的三中枢自协调类脑模型的体系结构示意图,其中包括 3 个智能中枢,即感觉中枢(Perception Center,PC)、思维中枢(Thinking Center,TC)和行为中枢(Behavior Center,BC),分别实现类脑模型的感知智能、思维智能和行为智能,其分别对应于类脑智能系统的信息输入子系统、信息处理子系统和信息输出子系统。

将图 3.3 与图 3.4 进行对比可以发现,三中枢自协调类脑模型中 3 个智能中枢的功能与机制主义通用人工智能理论框架中主题部分(图 3.3 中的虚线框内)各模块的功能非常契合。其中:感觉中枢负责将客体信息转换为感知信息;思维中枢负责从感知信息中提炼知识,并将感知信息与知识转换为智能策略;行为中枢负责

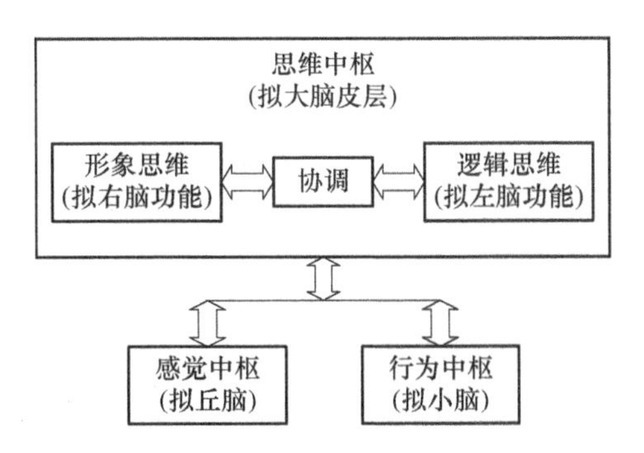

图 3.4　三中枢自协调类脑模型的体系结构

将智能策略转换为智能行为。因此,图 3.4 描述的三中枢自协调类脑模型体系结构从大脑的结构与功能角度为机制主义通用人工智能理论提供了物质层面的支撑。

3.3.2　智能中枢的生物学基础与智能特点

1. 感觉中枢模型

感觉中枢模型模拟人类的感官与丘脑的功能。丘脑是视觉、听觉、触觉、嗅觉、味觉等各种感觉信号的信息处理中心,负责对外周神经系统传入的各种多媒体、多模式的感觉信号进行时空整合与信息融合。感觉中枢模型应具有感知、识别和处理等感知智能(perception intelligence)。

2. 思维中枢模型

思维中枢模型模拟人类高级中枢神经系统中的大脑,大脑的左、右脑由胼胝体相互连接,构成思维中枢。思维中枢是最高级的中枢神经系统。思维中枢的主要功能是进行思维、产生意志、控制行为以及协调人体的生命活动。其中,左脑主管逻辑思维,右脑主管形象思维,左脑和右脑协同工作,并联运行。思维中枢模型应具有学习、记忆、联想、分析、判断、推理、决策等思维智能(thinking intelligence)。

3. 行为中枢模型

行为中枢模型模拟人类的小脑,小脑的主要功能是协调人体的运动和行为,控制人体的动作和姿态,保持运动的稳定和平衡,通过低级中枢神经系统及外围神经系统,对人体全身的运动和姿态进行协调控制。因此,所研究的行为中枢模型应具有对应用系统的运动和行为进行协调、计划、优选、调度和管理等行为智能(behavior intelligence)。

本书后面的章节将重点论述 3 个子系统的模型、算法以及左、右脑之间的协调方案。

3.3.3 类脑模型的协调机制

三中枢自协调类脑模型在体系结构上模类脑的高级神经中枢系统，在运行机制上模类脑高级神经系统的自协调机制。其中各部分的协调功能如下。

1. 思维中枢的全局协调与左、右脑系统的协调

大脑作为中枢神经系统的最高级部分，具有全局协调控制功能。思维中枢承担这一任务，负责系统的全局运行协调以及系统目的行为的协调。此外，其中的人工胼胝体还负责左脑系统和右脑系统交叉并行工作的协调。

2. 感觉中枢的感觉协调

感觉中枢对外界传入的多模式感觉信息进行时空整合、信息融合与协调。

3. 行为中枢的运动协调

小脑根据大脑关于运动或目的行为的指令，以及丘脑关于系统本身和外界环境的感知信息，对人体系统的运动和姿态进行协调控制。三中枢自协调类脑模型的行为中枢模拟小脑的协调机制，具有系统运动与姿态的协调控制功能。

3.4 三中枢自协调类脑模型的建模路径

对于脑原型与类脑方案中的各中枢子系统，分别研究其工程实现方案与技术，并在三中枢自协调类脑模型体系结构的基础上研究各中枢之间的协调以及三中枢自协调类脑模型的集成与协调。

3.4.1 智能中枢的建模路径

经过半个多世纪的发展，人工智能领域已经积累和提炼了众多行之有效的智能系统的设计实现方法与技术，形成内涵丰富、流派纷呈的广义人工智能。从逻辑学派的符号主义、仿生学派的连接主义到生理学派的行为主义三大学派各具特色的认知观，从结构模拟、功能模拟到行为模拟的多种实现思路，从模类脑的逻辑思维（包括辩证逻辑和模糊逻辑）到形象思维乃至顿悟式灵感思维的多种类脑目标及其实现技术，都为类脑模型中三种智能中枢子系统的设计与实现提供了广阔的技术基础和很多的启发与借鉴。此外，在认知心理学领域百家争鸣的脑功能模型、在脑科学领域百花齐放的脑功能成像技术及新发现，以及基于信息-知识-智能策略转换的机制主义理论，也为三中枢自协调类脑模型框架中各个子系统及子功能的算法设计提供了心理学、生物学及信息学的依据。

因此，总体研究思路是，综合多种学术观点和技术路线进行三中枢自协调类脑模型框架中思维中枢、感觉中枢和行为中枢的研究，并通过三个中枢的协调机制，对基于不同技术路线的实现方案进行集成与融合，具体思路如下。

1. 感觉中枢的类脑建模路径

感觉中枢是各种感觉信号的信息处理中心，具有能感知各种多媒体、多模式的感觉信号并进行时空整合与信息融合的感知智能。据神经学家推测，产生高层次意识信息的过程只占人脑计算能力的千分之一，人脑其余大部分用来处理关于生存方面的低层次意识活动，即感知、基本认知、联想、识别等。

目前在人工智能领域实现感知智能的主要技术路线是具有脑式信息处理特点的人工神经网络。人工神经网络由于在结构上仿造了人脑的生物神经系统，因此在功能上具有了某种类脑智能特点。例如：利用多层感知机模拟人的视觉、听觉、触觉、嗅觉和味觉等感觉器官，可感知外界环境信息；利用自组织特征映射网模类脑神经元的组织原理，通过神经元的有序排列及对外界信息的连续映像可实现对感知信息的模式分类；利用动态反馈神经网络可实现联想记忆；利用深度神经网络可实现对图像、声音等信息的自动特征抽取与识别。

2. 思维中枢的类脑建模路径

大脑分为左脑和右脑，二者由胼胝体相互连接，构成思维中枢。思维中枢的主要功能是进行思维、产生意志、控制行为以及协调人体的生命活动。其中，左脑侧重逻辑思维，擅长对有序、确定的信息进行推理；右脑侧重形象思维，擅长凭直觉和经验处理无序的、不确定的信息。根据左脑和右脑的功能特点，可采用知识推理技术实现类左脑功能，由人工神经网络技术实现思维中枢的类右脑功能，而类左脑模型与类右脑模型的任务分工与协调由人工胼胝体实现，图3.5为思维中枢类脑模型的组成示意图。

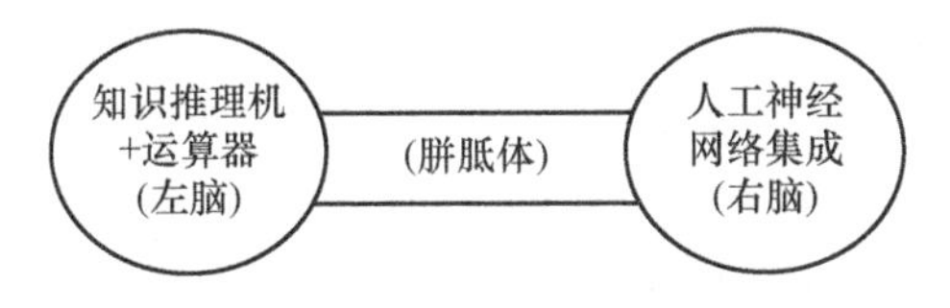

图3.5　思维中枢类脑模型的组成

由一种或多种神经网络技术实现的类右脑模型可通过学习和训练进行记忆、联想、信号处理、知识挖掘、特征提取、数据压缩、模式识别和统计分析等脑式信息处理。适于解决这类问题的有深度神经网络、自组织特征映射网络、自适应共振网络以及反馈网络等。

由推理技术和知识库技术实现的类左脑模型是一类以知识为基础的推理决策系统，有数值运算功能，可进行推理、分析、判断、决策、问题求解以及数值运算等高层次的信息处理。

人工胼胝体的主要功能是对信息进行预处理和分类，为左、右脑分配不同的信息处理任务，协调左、右脑的工作，等等。人工胼胝体的实现与左、右脑模型密切相关，是多技术路线融合的混合型智能系统。

3. 行为中枢的类脑建模路径

行为中枢模型是模拟人类小脑的模型，具有对人体的运动姿态和行为动作进行实时协调、平衡、计划、优选、调度和管理等行为智能，在机器人控制中行为中枢的设计与实现尤为重要。J. S. A1bus 于 1975 年提出一种模拟小脑功能的神经网络模型 CMAC，该模型仿照小脑控制肢体运动的原理，具有不假思索地做出条件反射式迅速响应的特点。行为主义学派的代表人物布 Brooks 于 1991 年发表了经典论文 “Intelligence without Representation”，提出了无须知识表示和推理的智能系统，即直接对智能行为进行模拟。行为主义学派认为，可以将复杂的行为分解成若干个简单的行为，用对简单行为的快速反馈来替代传统人工智能中精确的数学模型，从而达到适应复杂的、不确定的和非结构化的客观环境的目的。目前，行为主义学派所采用的结构上动作分解的方法、处理上分布并行的方法以及由底至上的求解方法，已成为智能机器领域的研究热点。感知-动作系统可为类脑行为中枢的建模提供丰富的技术思路。

3.4.2 调控机制的建模路径

根据类脑模型在具体应用系统中实现方案的复杂程度，需采用一种或多种调控方案对系统进行调节与控制，以使其各子系统相互协调、相互配合、相互制约，保证系统正常工作。类脑模型作为一种典型的大系统，其调控机制的设计可采用以下两类大系统协调控制方法以及左、右脑协调设计方法。

1. 递阶大系统协调控制方法

人体系统的体系结构是一种典型的多级递阶大系统。例如，思维中枢除了具有思维智能外，还具有一个重要功能，那就是作为协调器对感觉中枢、行为中枢和生命中枢进行全局协调。而生命中枢作为局部控制器对激素中枢和脏腑中枢进行协调控制，激素中枢对各内分泌腺进行协调控制，从而形成多级递阶协调控制结构。三中枢自协调类脑模型借鉴了人体系统中 3 个智能中枢的结构与功能，其整体协调机制采用大系统控制论中的递阶大系统协调控制结构，如图 3.6 所示。

2. 分散大系统协调控制方法

脑模型中各中枢子系统的协调控制除了依靠思维中枢的全局协调控制作用外，还依靠各中枢子系统之间的相互协调控制作用。例如：激素中枢对各内分泌腺进行控制；脏腑中枢对各脏腑进行控制；行为中枢对动作姿态进行控制。脑模型的整体协调依靠各中枢子系统的相互通信实现，这相当于图 3.7 中的分散大系统协调控制结构。

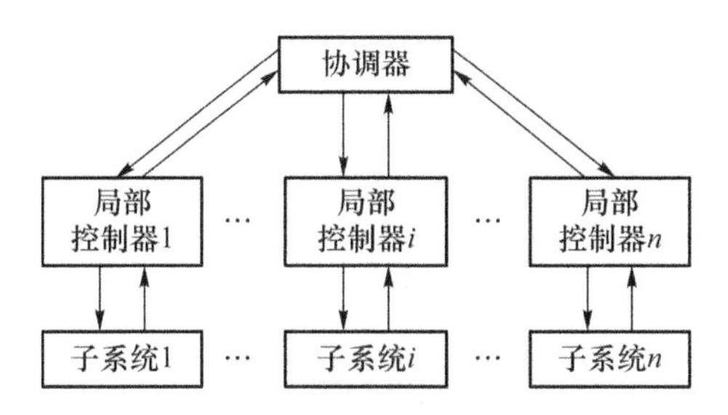

图 3.6　递阶大系统协调控制结构

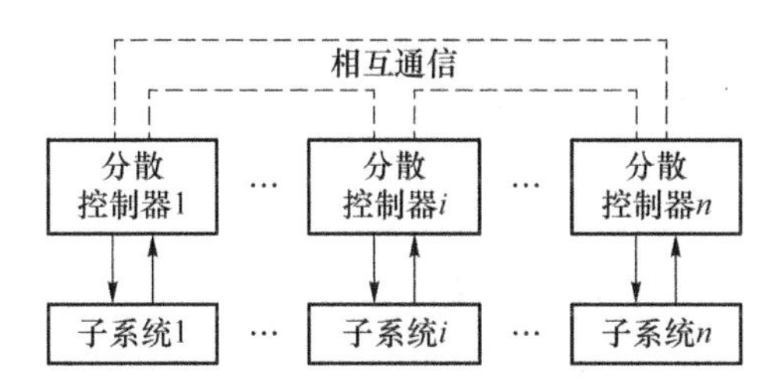

图 3.7　分散大系统协调控制结构

上述两种协调控制方法中的控制器和协调器的实现可采用目前常用的各类智能控制方案。例如:当用于人工生命系统时,调控系统对其受控对象参数的调节与控制会基于某些确定的生理学规则;当用于人工社会系统时,调控系统对其受控对象参数的调节与控制会基于某些确定的社会学规则。可采用各类专家控制系统实现该调控系统的功能,其中知识库和规则库的建立以应用系统的特定机制和规则为依据。

3. 左、右脑协调设计方法

类脑模型的左、右脑协调设计可借鉴涂序彦教授的广义智能管理系统的设计思想,从广义协调模型、智能协调方法和多库协同系统 3 个方面进行设计。其中,广义协调模型包括数学模型、知识工程的知识模型、模糊逻辑的关系模型以及人工神经元的网络模型等多种表达方法;智能协调方法是在人工智能与运筹学相结合、知识工程与系统工程相结合、神经网络与模糊逻辑相结合的基础上,根据实际智能系统的体系结构特点,开发出来的具有智能特征的协调方法;多库协同系统将各中枢子系统的数据库、知识库、模型库、方法库等组成多库协同的管理系统结构,并应用多智体技术实现部分的协商、协调与协作。

尽管各智能中枢的类脑模型在实现信息处理时具有类脑结构的优势,但是其所处理的信息却并不具备人脑处理信息的特点。人脑处理的信息具有语法、语义和语用 3 个维度,分别描述了信息的形式、内容和价值。而目前计算机处理的信息多为只有语法信息的形式化符号或数据,缺失了语义和语用两个最重要的维度,这正是现有的人工智能没有理解能力的问题所在。智能中枢的协调方法研究将以基于语法信息(形式)、语义信息(内容)、语用信息(价值)三位一体的全信息为基础概念,探讨用知识图谱表示全信息概念的方法以及在全信息基础上进行类脑信息处理的可行路径。

本章小结

本章在对智能科学技术取得的各项类脑研究成果进行分析的基础上,在脑科学关于人脑高级中枢神经系统形态与功能的认识的启发下,从生物控制论和大系统控制论的角度出发,应用大系统控制论的结构分析方法对人脑高级神经中枢进行体系结构分析、抽象和简化,突出信息处理的智能特色,淡化信息处理的生理特色,从全信息论的角度出发,探索信息的"形式-内容-价值"三位一体的表达方法,从而构建在体系结构上和功能上借鉴人脑高级中枢神经系统的三中枢自协调类脑模型;提出用感觉中枢、思维中枢和行为中枢分别实现类脑模型的感知智能、思维智能和行为智能;采用递阶大系统协调控制方法、分散大系统协调控制方法和左、右脑协调设计方法实现类脑系统调控机制的总体建模方案。

本章参考文献

[1] 钟义信."范式变革"引领与"信息转换"担纲:机制主义通用人工智能的理论精髓[J]. 智能系统学报,2020,15(1):1-8.

[2] 韩力群. 多中枢自协调类脑模型研究及应用[D]. 北京:北京理工大学,2005.

[3] 韩力群.智能科学技术的基本任务:创造仿脑智能系统[R].秦皇岛:国家自然科学基金委"智能科学技术重大基础问题高层研讨会",2004.

[4] Han L Q,Tu X Y. Study of artificial brain based on multi-centrum self-coordination mechanism[C]//Proceedings of AROB 9th'04,2004:152-155.

[5] Han L Q. Study on modeling and coordinating for artificial brain intelligent system based on brain high-level centrum neural system[C]//Internatinal Conference on Artifical Intelligence. Beijing:[s. n.],2006:59-63.

[6] 涂序彦.大系统控制论[M].北京:国防工业出版社,1994.

[7] 涂序彦,等.生物控制论[M].北京:科学出版社,1980.

[8] 钟义信. 高等智能机制主义信息转换[J]. 北京邮电大学学报,2010,33:1-6.

[9] Zhong Y X. Structuralism? functionalism? behaviorism? or mechanism? looking for better approach to AI [J]. International Journal on Intelligent Computing and Cybernetics,2008,1(3):325-336.

[10] 钟义信. 信息转换:信息、知识、智能的转换理论[J]. 科学通报,2013,58(14):1300-1306.

[11] 韩力群,涂序彦."数字人脑"模型与信息处理机制研究[J]. 中国医学影像技术,2003,19(12):1610-1612.

[12] 韩力群,毕思文. 数字人脑高级神经中枢的模型及实现方案[J]. 中国医学影像技术,2004,20(1):114-117.

[13] 韩力群. 人体感觉机制的模型化与数字化[J]. 中国医学影像技术,2003,19(204):63-66.

[14] 韩力群. 人工视觉系统的集成神经网络模型研究[J]. 中国医学影像技术,2005,21(4):646-648.

[15] 韩力群. 视觉信息处理的人工神经系统模型研究[J]. 微计算机信息,2006(3Z):204,250-252.

[16] 涂序彦,等. 智能管理[M]. 北京:清华大学出版社,1997.

第4章　感觉中枢的类脑模型研究

感觉中枢是各种感觉信号的信息处理中心，具有能感知各种多媒体、多模式的感觉信号并进行时空整合与信息融合的感知智能。而视觉信息处理在各类感觉信息处理中占有重要地位。本章以视觉为例，综合应用神经生物学、计算机视觉、控制论与人工智能等学科的研究成果，在分析和研究视觉系统原型提供的信息获取、传输和处理机理的基础上，提出拟视觉系统神经机制的模型及算法，主要包括拟视网膜的视觉信息获取和预处理模型与算法，以及拟丘脑外膝体的视觉信息中继传输模型与算法。

4.1　感觉系统机制与模型

1. 感觉系统机制

感觉包括视觉、听觉、味觉、嗅觉、温觉、触觉、平衡觉等。不同类型的刺激激发不同的感受器兴奋，这些感受器将外界刺激转化为一定频率的神经脉冲，通过各自独立的神经传导通路在相应的大脑皮层感觉区产生感觉信号。

根据德国神经学家 C. Wernicke 的脑皮质功能定位观点，脑的不同区域具有功能上的分工。与简单的感知活动有关的基本神经性功能定位于单一的脑皮层区，如视觉、听觉、皮肤觉、本体觉等初级皮层感觉区。而更复杂的智力性功能则涉及多个脑区，即某一刺激产生的不同信息是由脑的不同部位进行分布式加工处理的，各部位之间存在着广泛的联系。

感觉信息脉冲电在传到初级皮层感觉区之前，已经在传导通路上进行过复杂的信息融合。例如，与某一刺激相关的感觉神经脉冲可在感觉传导通路上被分为两个或多个信息成分，各自在相应的皮层感觉区共同兴奋，产生运动、位置、形体、色泽、声音、属性判别等方面的感觉。

2. 感觉系统模型

根据上述感觉机制，应用大系统控制论的方法可建立图 4.1 所示的感觉系统模型。图中第一层为人体的各种感受器，相当于工业控制系统中的传感器；第二层为各种感觉神经脉冲的传导通路，属于信息中继处理环节，每种通路都是特定的、独立的和并行的，因此感觉信息的传导与调控是串并行相结合的处理模式；第三层为大脑皮层感觉区，负责对各种感觉信息进行复杂的整合，从而产生感知。

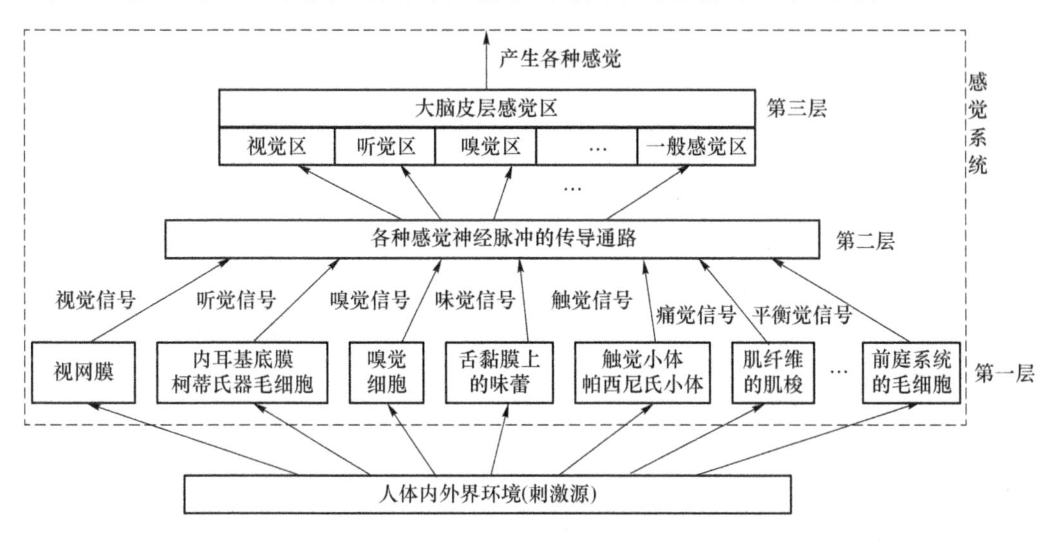

图 4.1　感觉系统模型

4.2　视觉信息处理系统模型研究

当前，人体感觉系统信息处理机制的研究重点集中于研究感受器感觉信号的转换与传导、感觉信号在感觉传导通路中的传递与调控以及大脑皮层感觉区对感觉信息的分析与融合等内容。这些研究成果为人体感觉系统中感觉信号的产生、传递、处理等机制的建模奠定了基础。在此基础上，应用系统科学和信息科学的方法研究人体感觉系统中信号的产生、传递、处理机制的技术模型并用数理方法和计算机技术实现，是类脑模型的重要研究内容之一。

在人类获取的外部世界信息中，80％以上的信息是视觉信息，因此，视觉信息的处理是整个神经科学中研究得很深入的领域之一。对于丰富多彩的外部世界如何成为人类视觉的过程，视神经科学家们已经从视网膜到大脑皮层做了大量出色的研究工作，并取得了一系列重大的研究成果，这些成果为研究视觉系统的模型与算法奠定了坚实的基础。

4.2.1 计算机视觉研究现状

视觉系统的研究与实现有两种途径:一种是基于神经生理学、认知心理学和计算机科学等学科的理论研究与仿真实现,主要研究领域集中于计算机视觉;另一种是基于生物医学工程、组织工程学等学科的技术研究与生物工程实现,主要研究领域集中于人工视网膜。下面对计算机视觉研究现状做简要分析。

计算机视觉是指用计算机模拟人眼的视觉功能,从图像或图像序列中提取信息,对客观世界的三维景物和物体进行形态识别和运动识别。计算机视觉的研究内容包括两方面:一是如何利用计算机部分地实现人类视觉的功能;二是帮助理解人类视觉机理。

计算机视觉的研究开始于 20 世纪 50 年代中期,当时的研究主要集中在二维景物图像的分析。利用二维图像解释三维目标和景物的研究始于 1965 年 L. G. Roberts 对多面体识别中提出的"积木世界"。在这之后,随着研究的深入,相继提出了计算机视觉的 3 个主要理论框架。

1. 计算视觉理论框架

20 世纪 70 年代中期到 20 世纪 80 年代初期,D. Marr 教授提出了第一个计算机视觉领域的理论框架——计算视觉理论框架。这一理论框架把视觉过程看作一个信息处理的过程,并提出对信息处理过程的研究应分为 3 个不同的层次:计算理论层次、表示(数据结构)与算法层次和硬件实现层次。这一理论框架强调计算理论层次,并阐明视觉的目的是从图像中建立物体形状和位置的描述。这一层次把视觉过程主要规定为从二维图像信息中定量恢复出图像所反映的场景中三维物体的形状和空间位置,即三维重建。这一理论框架建立在三级表象结构上,这三级分别是基元图(灰度表象)、2.5 维图(表面表象)和三维模型。D. Marr 教授认为,基元图提供局部几何结构信息,如线段长度、位置、取向和反差;2.5 维图提供表面取向信息;三维模型使用广义锥体模型提供物体形状信息。

2. 基于知识的视觉理论框架

1987 年,D. G. Lowe 提出用人类的经验去描述目标。D. G. Lowe 认为,基于知识的视觉理论框架不需要通过视觉输入自底向上进行重建,绝对三维目标的识别可以在知识的引导下通过二维图像直接完成。

3. 主动视觉理论框架

主动视觉理论框架是根据人类视觉的主动性提出来的。人类视觉不是被动的,人会根据视觉的需要移动身体或头部,以改变视角,帮助识别。同时,人类视觉也不是对场景中所有部分一视同仁,而是根据需要有选择地对其中的一部分加以特别注意。因此,人类的视觉过程是与环境交互的"感知-动作"的过程。

目前计算机视觉研究中使用的基本框架仍是由 D. Marr 教授提出的计算视觉理论框架。该理论框架的核心思想是认为：高层次的计算问题可以独立于对执行该计算的算法的理解；而算法问题的解决又可以独立于对其物理实现的理解。这种观点已经引起了争论。有一种强烈反对的意见认为层次间相互独立的主张忽略了两类性质完全不同的问题。第一个问题是，是否可以不顾实验事实去了解算法和分析问题？回答显然是不可以。第二个问题是，在一个给定的机器上执行任务的给定算法是否可以在其他具有不同结构的机器上加以实现？回答则是可以。第二个问题涉及的计算理论告诉我们，形式操作可以在不同结构的机器上实现，在这个意义上，算法可以与现实无关。但是，这并不意味着，对神经结构使用的算法可以与对神经系统的详细了解无关。正相反，现代神经科学对算法类型、计算分析类型的选择都具有根本的意义。层次间不可能是相互独立的，而是一定有众多的耦合与相互作用。因此，对视觉系统的深入研究应从对其神经系统的研究入手，既要充分利用在细胞和分子水平上的研究成果，又要综合不同学科、研究策略的优势，在对视觉系统原型深入理解的基础上，研究能借鉴视觉系统神经机制的模型和实现技术。

4.2.2　视觉系统模型研究

1. 视觉系统的形态学模型

对视觉系统来说，其形态学模型如图 4.2 所示。其中，眼睛的光学系统在眼底形成外界物体的物象，视网膜将物象的光能转换并加工成神经脉冲，神经脉冲经过丘脑外膝体(Lateral Geniculate Body，LGB)后到达视皮层。

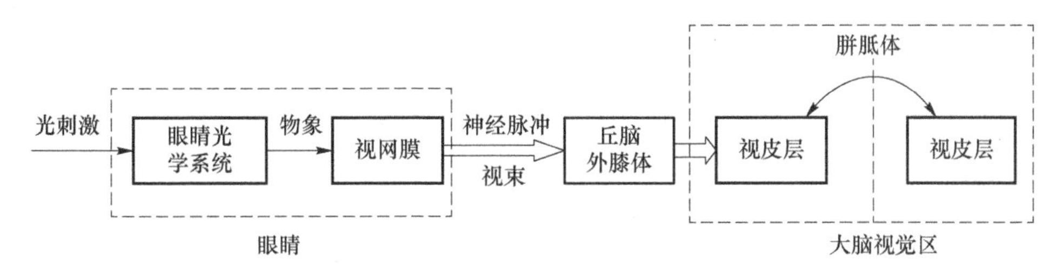

图 4.2　视觉系统的形态学模型

2. 视网膜的原型与模型

(1) 生物视网膜原型

视网膜(retina)由 3 层细胞组成，从外到内为由视杆细胞和视锥细胞构成的感受器细胞(Receptor Cell，RC)层、双极细胞(Bipolar Cell，BC)层和神经节细胞(Ganglion Cell，GC)层，GC 层的轴突形成视神经。3 层中的每一层均包含不止一类细胞，各层之间及同层之间的细胞均形成了广泛的联系，这就是信息加工的形态学基础。图 4.3 所示为脊椎动物视网膜细胞间的连接模式。

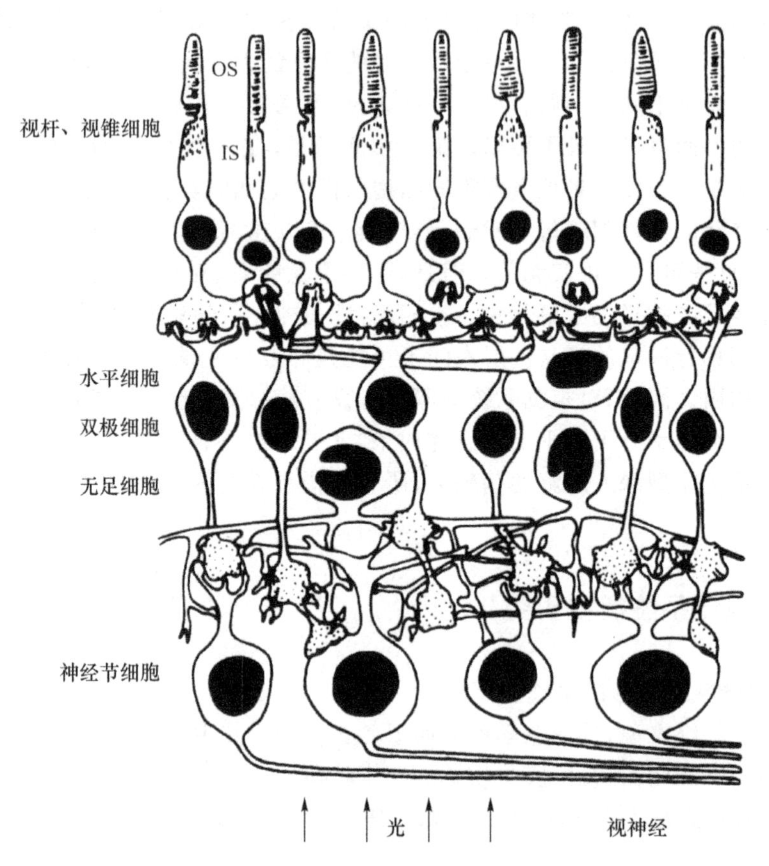

图 4.3 脊椎动物视网膜细胞间的连接模式

光入射方向为 GC→BC→RC，光线到达感受器细胞层后进行光电转换，转换后的生物电信号又沿 RC→BC→GC 反方向逐层进行信息处理。目前仍不十分清楚视觉信息在视网膜内部的处理过程以及各种细胞中起的作用。有学者认为，视网膜内部神经元的神经递质及其生理特性的研究可能为阐明视网膜的信息传递机制起到关键作用，多样化的递质对分别传递不同的信息以及排除亮度信息、颜色信息、图像信息等不同亚系统之间的干扰，是很有必要的。

图 4.4 给出视网膜的神经网络简化模型，该模型忽略了同层细胞(神经元)之间的联系，网络中每个节点表示细胞及其感受野。

将视网膜视为二维平面，用矩阵 $\boldsymbol{O}$ 表示光信号，光沿 GC→BC 传递的传递系数矩阵用 $\boldsymbol{T}_{GB}$ 表示，光沿 BC→RC 传递的传递系数矩阵用 $\boldsymbol{T}_{BR}$ 表示，感受器细胞层输出的神经电脉冲形式的视觉信号用矩阵 $\boldsymbol{N}$ 表示，则根据图 4.4(a)可得出视网膜

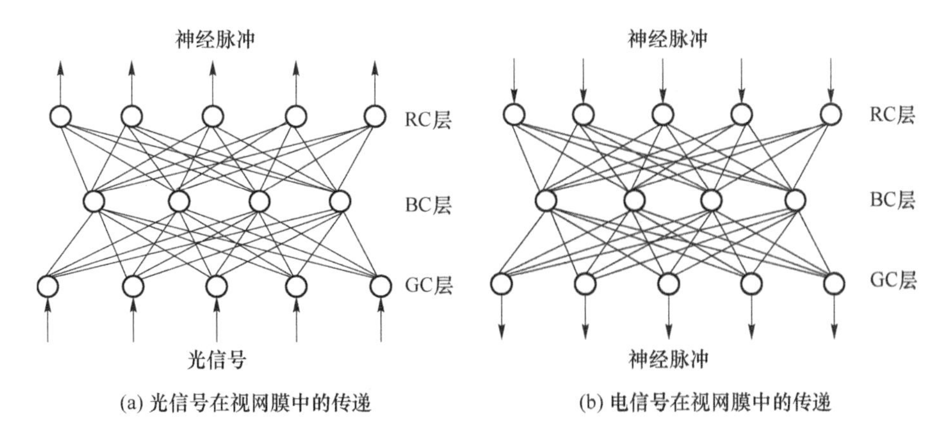

(a) 光信号在视网膜中的传递　　(b) 电信号在视网膜中的传递

图 4.4　视网膜的神经网络简化模型

沿 GC→BC→RC 方向进行光电转换的数学模型，如式(4.1)所示。

$$\boldsymbol{N}=\boldsymbol{F}_{\mathrm{RC}}(\boldsymbol{T}_{\mathrm{BR}}(\boldsymbol{F}_{\mathrm{BC}}(\boldsymbol{T}_{\mathrm{GB}}(\boldsymbol{F}_{\mathrm{GC}}(\boldsymbol{O})))))\tag{4.1}$$

其中，$\boldsymbol{F}_{\mathrm{GC}}$为入射光的传播函数矩阵，$\boldsymbol{F}_{\mathrm{BC}}$为双极细胞层的光传播函数矩阵，$\boldsymbol{F}_{\mathrm{RC}}$为光电转换函数矩阵。

设视觉信号沿 RC→BC 传递的连接系数矩阵用 $\boldsymbol{B}_{\mathrm{RB}}$表示，沿 BC→GC 传递的连接系数矩阵用 $\boldsymbol{B}_{\mathrm{BG}}$表示，神经节细胞层输出的调制后的视觉信息用矩阵 $\boldsymbol{V}$ 表示，则根据图 4.4(b)可得出视网膜沿 RC→BC→GC 方向对视觉信息进行处理的数学模型，如式(4.2)所示。

$$\boldsymbol{V}=\boldsymbol{G}_{\mathrm{GC}}(\boldsymbol{B}_{\boldsymbol{BG}}(\boldsymbol{G}_{\mathrm{BC}}(\boldsymbol{B}_{\mathrm{RB}}\boldsymbol{N})))\tag{4.2}$$

其中，$\boldsymbol{G}_{\mathrm{BC}}$为双极细胞层的输出函数矩阵，$\boldsymbol{G}_{\mathrm{GC}}$为神经节细胞层的输出函数矩阵。

(2) 人工视网膜的神经网络

近 30 多年来，越来越多的证据表明，视觉信息处理在本质上是一种平行处理过程，但又是一种由低级向高级逐步升级的信息处理过程。根据这种平行处理理论，生物视网膜中的神经细胞是高度有序的，特定的细胞对特定的基本视觉信息(如亮度、形状、颜色、运动、立体视等)敏感，当视网膜受到视觉信息刺激时，就使不同的神经细胞对不同性质的视觉信息成分兴奋，并按不同的平行神经通道进行预处理并进入视皮层，由不同性质的皮层细胞分别地进行分析处理。

根据上述理论的启示，图 4.5 给出进行光电转换后视网膜沿 RC→BC→GC 方向对神经脉冲信号进行信息处理的简化模型，称为基于人工视网膜的神经网络模型(Neural Network based Artificial Model of Retina，NNAMR)，该网络模型只对应单侧眼的视觉信息处理功能，且未考虑同层细胞(神经元)之间的联系。

模型的输入层对应于视网膜的感受器细胞层，负责接收外界视觉信息。每个神经元的输入值可对应一个亮度信息。当输入层神经元排列成二维平面阵时，不

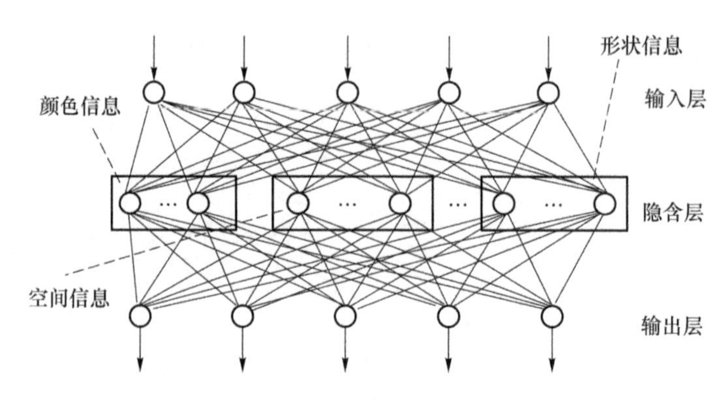

图 4.5 人工视网膜的神经网络模型

同亮度信息的分布可提供形状信息;当输入层神经元排列成三维空间阵时,不同亮度信息的分布可提供深度信息。

模型的隐含层对输入层传来的原始信息进行必要的转换处理,以利于其后的特征提取和感知。

模型的输出层排列了大量对特定模式兴奋的神经元,负责提取不同的视觉信息成分,其输出将分别平行投射到中继信息处理系统作为其输入。根据实际应用的不同,神经元的排列可以是自组织的,也可以是按某种需求设计的。

(3) 人工视网膜的机器视觉模型

图 4.6 给出人工视网膜系统的机器视觉模型。其中,光电转换器件阵列相当于生物视网膜中的感受器细胞层,负责将光信号转换为模拟电信号。A/D 转换将模拟信号转换为数字信号,得到的数字图像由图像处理子系统进行预处理,处理后的图像经过视觉特征提取子系统得到各种不同成分的视觉信息。可以看出,后两个子系统共同负责从功能上而不是机制上实现视网膜内部双极细胞层和神经节细胞层的信息传递与处理任务。人工视网膜系统输出的视觉信息将平行地投射到具有类似丘脑外膝体功能的中继信息处理系统做进一步处理。

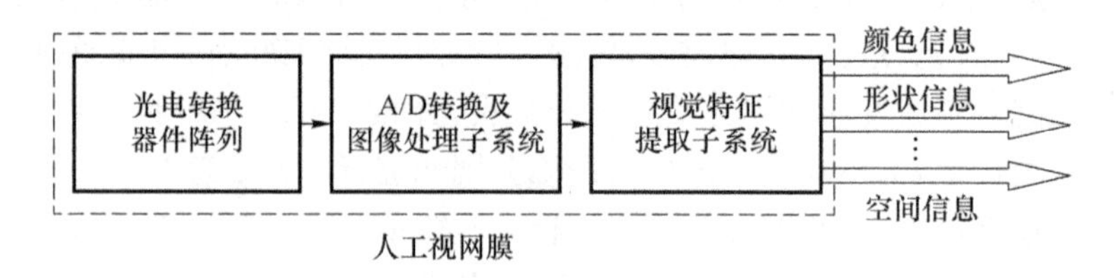

图 4.6 人工视网膜的机器视觉模型

3. 视觉信息中继处理环节的原型与模型

(1) 视觉信息中继处理环节的生物原型——丘脑外膝体

视网膜中神经节细胞层的输出 **V** 中,不同的分量表示不同的视觉信息。基本视觉信息包括亮度、形状、运动、颜色和立体视觉等。在视觉系统中，不同视觉信息的处理是平行进行的。代表不同视觉信息的视束从视网膜平行投射到丘脑外膝体的不同层，而外膝体不同层细胞向视皮层不同区域的投射至少有 W、X、Y 3 条通路，分别对不同视觉信息成分进行分析处理。此外，外膝体还接收来自脑干、皮层、上丘等多个非视网膜中枢的控制信号，从而使外膝体神经元可以对从视网膜到视皮层的视觉信息流进行可控"阀门"式的控制。在各个视觉信息处理的平行通路中，采用的是串行性等级式处理方式，逐级提取有意义的信息。在各个平行通路中，在不同水平上也存在着交叉。因此，视觉系统对信息的处理具有串行和平行相结合的特点，图 4.7 中的模型将这一特点进一步形象化(各平行通路的水平交叉忽略)。

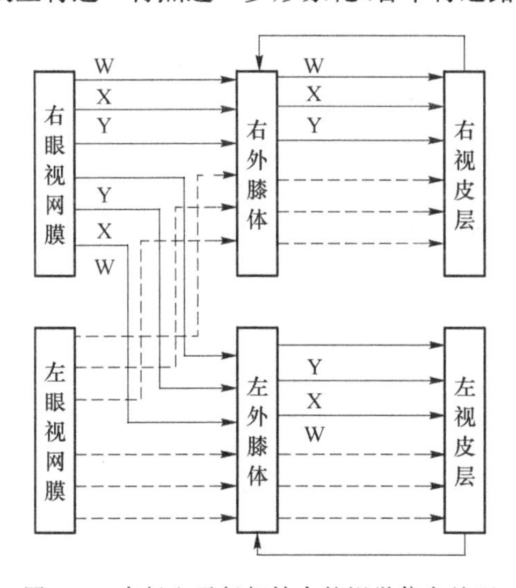

图 4.7　串行和平行相结合的视觉信息处理

对 W、X、Y 3 条通路均可用复合函数形式表达其信息处理。例如，对于视皮层处理形状信息的视区，有

$$\boldsymbol{V}_{\text{shape}}=F_{\text{shape}}(\boldsymbol{F}_{\text{LGN}}(\boldsymbol{V}))\tag{4.3}$$

其中，$\boldsymbol{V}$ 为视网膜输出信息，$\boldsymbol{F}_{\text{LGN}}$ 为外膝体信息处理函数矩阵，F_{shape} 为来自视皮层等的非视网膜输入对形状信息流的调节作用，$\boldsymbol{V}_{\text{shape}}$ 为形状视区对形状视觉信息的提取结果。

一方面，视皮层的不同视区对视觉的不同属性的信息进行分别处理；另一方面，在不同视区之间存在着相互投射。例如，在猴脑的 30 多个视皮层区之间就存在着 305 条通路。视区间存在的前馈、反馈和局部连接是视皮层对各种视觉信息进行整合并产生视觉的基础，这种整合作用可用式(4.4)描述：

$$\text{Vision}=F(\boldsymbol{V}_{\text{lightness}},\boldsymbol{V}_{\text{move}},\boldsymbol{V}_{\text{space}},\boldsymbol{V}_{\text{color}},\boldsymbol{V}_{\text{shape}},\cdots)\tag{4.4}$$

其中，F 为整合函数，圆括号中为各视区对特定视觉信息的提取结果。

关于视皮层如何对各种视觉信息进行复杂的整合并最终产生视觉信息，人类对其的认识还十分肤浅。随着神经元活动与感知形成之间的知识鸿沟不断被填平，式(4.4)的表达将不断清晰化。

(2) 视觉信息中继处理环节的模型

基于外膝体对视觉信息流的调节作用，中继视觉信息处理环节对从视网膜到视皮层的视觉信息流进行的线性或非线性的可调“阀门”式控制，由图 4.8 所示的建模方案实现。

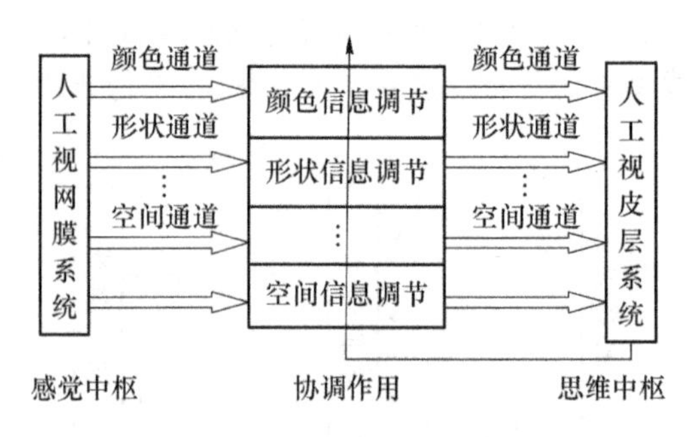

图 4.8　中继信息处理模型

图 4.8 中各个平行的视觉信息中继通道负责控制从视觉信息源(人工视网膜系统)到视觉信息处理中枢(人工视皮层系统)间信息传递的效率或增益，信息传递的效率或增益可用下面定义的信号传送比表示：

$$\text{信号传递比}=\frac{\text{中继环节输出信号数量}}{\text{人工视网膜输出信号数量}} \tag{4.5}$$

4.3　视觉信息处理系统技术实现研究

4.3.1　基于神经网络集成的视网膜模型与算法

从网络结构来看，NNAMR 具有一个输入层、一个隐含层和一个输出层，属于有层间联系的层次型神经网络。输入层节点可以排列成一维线阵、二维平面阵或三维空间阵，负责接收外界信息并将输入模式向隐含层传递，起观察作用。隐含层负责对该输入模式进行必要的变换处理，以更利于视皮层感知的形式重新表达。输出层负责对不同类信息进行初步分类，并编码输出。

NNAMR 采用的学习算法为无导师型、有导师型和先天型 3 种类型的结合，更类似于人类大脑中生物神经网络的学习，其特点是既能通过自动寻找样本中的内在规律和本质属性，自组织、自适应地改变网络参数与结构，又能根据来自模型外部的导师信息进行学习，同时能将应用问题的先验知识赋予网络，使其具有所需的先天禀性。这种多样化的学习策略可大大拓宽神经网络在信息处理、模式识别与分类方面的应用。

下面以颜色和形状信息处理为例，给出两种实现方案和算法。

1. 颜色信息处理的网络结构与算法

图 4.9 为 NNAMR 处理颜色信息的一种实现方案。

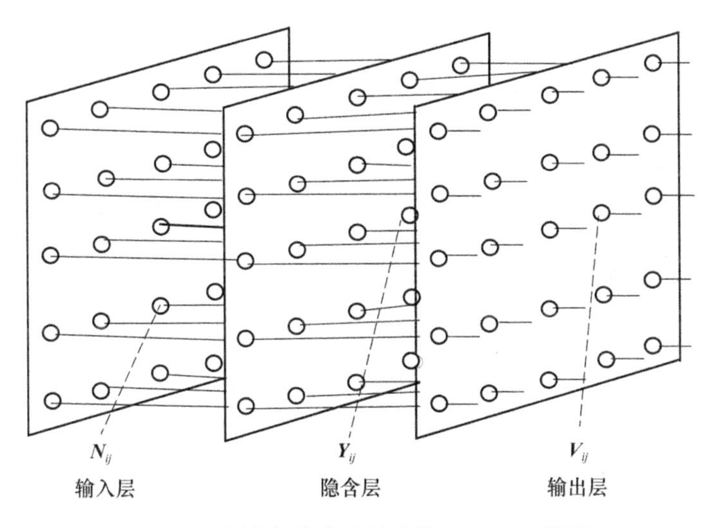

图 4.9　颜色视觉信息处理的 NNAMR 模型

输入层为由 $n\times n$ 个节点位置构成的视平面，每个节点由 3 种视锥细胞组成，用于表示原始视觉信息，自身无信息处理能力。每个节点给出一个输入信号，$n\times n$ 个输入信号构成输入矩阵 N。参照数字图像处理中的方法，可认为视平面中每个节点对应于图像中的一个像素，其 R、G、B 3 个灰度值均为节点位置的函数，从而对于输入层的任一节点 $\boldsymbol{N}_{ij}$，有

$$\boldsymbol{N}_{ij}=(r_{ij},g_{ij},b_{ij})^{\mathrm{T}},\quad i=j=1,2,\cdots,n \tag{4.6}$$

隐含层和输出层均与输入层的节点位置一一对应，负责将与视网膜中视锥细胞的物理特性相匹配的 RGB 三原色色彩转换成与人的色彩知觉特性相匹配的 HSL 色彩，即色调、饱和度和亮度。对于隐层的任一节点 (i,j)，其输出 $\boldsymbol{Y}_{ij}$ 为

$$\boldsymbol{Y}_{ij}=(V_{ij}^{1},V_{ij}^{2},L_{ij})^{\mathrm{T}},\quad i=j=1,2,\cdots,n$$

对于输出层的任一节点 (i,j)，输出 $\boldsymbol{V}_{ij}$ 为

$$\boldsymbol{V}_{ij}=(H_{ij},S_{ij},L_{ij})^{\mathrm{T}},\quad i=j=1,2,\cdots,n$$

输入层到隐含层之间的权值为

$$\boldsymbol{G}=\begin{bmatrix}\boldsymbol{G}_{11} & \cdots & \boldsymbol{G}_{1j} & \cdots & \boldsymbol{G}_{1n}\\ \vdots & & \vdots & & \vdots\\ \boldsymbol{G}_{i1} & \cdots & \boldsymbol{G}_{ij} & \cdots & \boldsymbol{G}_{in}\\ \vdots & & \vdots & & \vdots\\ \boldsymbol{G}_{n1} & \cdots & \boldsymbol{G}_{nj} & \cdots & \boldsymbol{G}_{nn}\end{bmatrix}$$

隐含层到输出层之间的权值为

$$\boldsymbol{B}=\begin{bmatrix}\boldsymbol{B}_{11} & \cdots & \boldsymbol{B}_{1j} & \cdots & \boldsymbol{B}_{1n}\\ \vdots & & \vdots & & \vdots\\ \boldsymbol{B}_{i1} & \cdots & \boldsymbol{B}_{ij} & \cdots & \boldsymbol{B}_{in}\\ \vdots & & \vdots & & \vdots\\ \boldsymbol{B}_{n1} & \cdots & \boldsymbol{B}_{nj} & \cdots & \boldsymbol{B}_{nn}\end{bmatrix}$$

其中从输入层、隐含层到输出层的每个对应点之间的连接如图 4.10 所示。

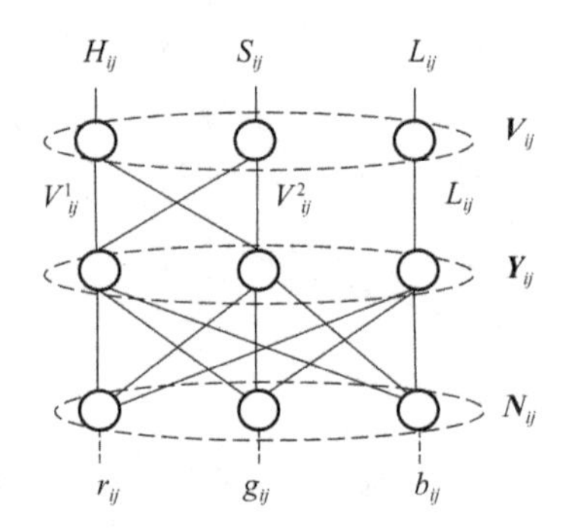

图 4.10　各层对应节点的连接

从输入层到隐含层各节点对应的 3×3 权矩阵为

$$\boldsymbol{G}_{ij}=\begin{pmatrix}0 & \frac{1}{\sqrt{2}} & \frac{-1}{\sqrt{2}}\\ \frac{2}{\sqrt{6}} & \frac{-1}{\sqrt{6}} & \frac{-1}{\sqrt{6}}\\ \frac{\sqrt{3}}{3} & \frac{\sqrt{3}}{3} & \frac{\sqrt{3}}{3}\end{pmatrix},\quad i=j=1,2,\cdots,n$$

隐含层各节点的输出为

$$\begin{pmatrix}V_{ij}^1\\ V_{ij}^2\\ L_{ij}\end{pmatrix}=\begin{pmatrix}0 & \frac{1}{\sqrt{2}} & \frac{-1}{\sqrt{2}}\\ \frac{2}{\sqrt{6}} & \frac{-1}{\sqrt{6}} & \frac{-1}{\sqrt{6}}\\ \frac{\sqrt{3}}{3} & \frac{\sqrt{3}}{3} & \frac{\sqrt{3}}{3}\end{pmatrix}\begin{pmatrix}R_{ij}\\ G_{ij}\\ B_{ij}\end{pmatrix},\quad i=j=1,2,\cdots,n$$

将其写成向量形式：

$$\boldsymbol{Y}_{ij}=\boldsymbol{G}_{ij}\boldsymbol{N}_{ij},\quad i=j=1,2,\cdots,n \tag{4.7}$$

从隐含层到输出层各节点对应的3×3权矩阵为

$$\boldsymbol{B}_{ij}=\begin{pmatrix}1 & 1 & 0\\ 1 & 1 & 0\\ 0 & 0 & 1\end{pmatrix},\quad i=j=1,2,\cdots,n$$

输出层各节点的输出为

$$\boldsymbol{V}_{ij}=\begin{pmatrix}H_{ij}\\ S_{ij}\\ L_{ij}\end{pmatrix}=\boldsymbol{B}_i\boldsymbol{Y}_{ij}=\begin{pmatrix}\arctan\dfrac{V_{ij}^2}{V_{ij}^1}\\ \sqrt{(V_{ij}^1)^2+(V_{ij}^2)^2}\\ L_{ij}\end{pmatrix},\quad i=j=1,2,\cdots,n \tag{4.8}$$

2. 形状信息处理的网络结构与算法

图4.11为NNAMR处理形状信息的实现方案。

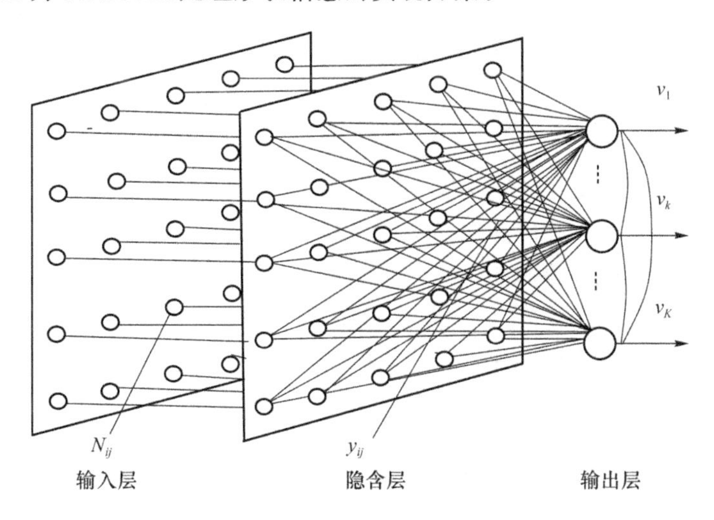

图4.11　形状视觉信息处理的NNAMR模型

输入层与图4.9中的情况相同。隐含层和输入层的节点位置一一对应，负责将输入层节点输出的RGB值转换成灰度值并进行二值化。输入层到隐含层之间的权值为

$$\boldsymbol{G}=\begin{pmatrix}\boldsymbol{G}_{11} & \cdots & \boldsymbol{G}_{1j} & \cdots & \boldsymbol{G}_{1n}\\ \vdots & & \vdots & & \vdots\\ \boldsymbol{G}_{i1} & \cdots & \boldsymbol{G}_{ij} & \cdots & \boldsymbol{G}_{in}\\ \vdots & & \vdots & & \vdots\\ \boldsymbol{G}_{n1} & \cdots & \boldsymbol{G}_{nj} & \cdots & \boldsymbol{G}_{nn}\end{pmatrix}$$

从输入层到隐含层的每个对应点之间的连接如图 4.12 所示。

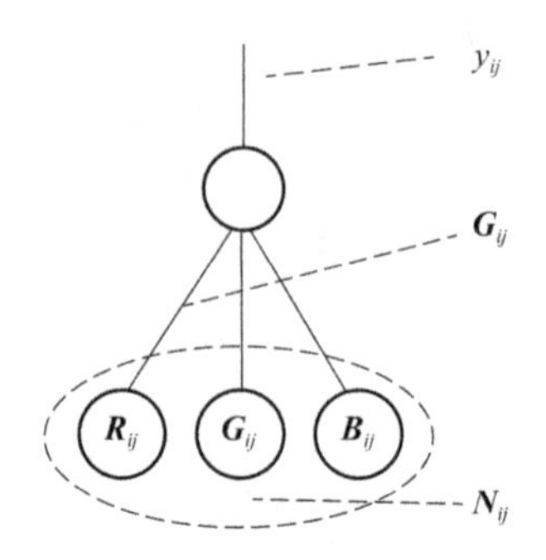

图 4.12　输入层与隐含层对应节点的连接

从输入层到隐含层各节点对应的 3 维权向量阵为

$$\boldsymbol{G}_{ij}=\left(\frac{1}{3},\frac{1}{3},\frac{1}{3}\right)^{\mathrm{T}},\quad i=j=1,2,\cdots,n$$

对隐含层的任一节点(i,j),其输出 y_{ij} 为

$$y_{ij}=\operatorname{sgn}(f(i,j)-T)=\begin{cases}1, & f(i,j)\geqslant T\\ 0, & f(i,j)<T\end{cases}\tag{4.9}$$

其中 T 为各节点的阈值,$f(i,j)$为灰度值,且有

$$f(i,j)=\boldsymbol{G}_{ij}^{\mathrm{T}}\boldsymbol{N}_{ij}$$

输出层由列向量 $\mathbf{V}$ 表示:

$$\mathbf{V}=(v_1,\cdots,v_k,\cdots,v_K)^{\mathrm{T}}$$

隐含层到输出层的权值为

$$\boldsymbol{B}=(\boldsymbol{B}_1,\cdots,\boldsymbol{B}_k,\cdots,\boldsymbol{B}_K)$$

其中每个输出节点对应的是一个权值矩阵:

$$\boldsymbol{B}_k=\begin{pmatrix} b_{11}^k & \cdots & b_{1j}^k & \cdots & b_{1n}^k\\ \vdots & & \vdots & & \vdots\\ b_{i1}^k & \cdots & b_{ij}^k & \cdots & b_{in}^k\\ \vdots & & \vdots & & \vdots\\ b_{n1}^k & \cdots & b_{nj}^k & \cdots & b_{nn}^k \end{pmatrix}$$

图 4.11 所示的神经网络不同层的权值采用了不同的学习算法。其中,输入层和隐含层之间的权值学习算法为先天型,即以 RGB 彩色图像与灰度图像的转换理论为先验知识,直接对权值矩阵赋值。隐含层和输入层之间的权值学习则根据生物系统信息处理机制中存在侧抑制与竞争现象的启发,采用由芬兰 Helsink 大学的 T. Kohonen 教授提出的自组织特征映射(Self-Organizing Feature Map, SOFM)学习算法,但在网络结构的可塑性方面对其进行了改进。

(1) 侧抑制与竞争现象

实验表明，在人眼的视网膜、脊髓和海马中存在一种侧抑制现象，即当一个神经细胞兴奋后，会对其周围的神经细胞产生抑制作用。这种侧抑制使神经细胞之间呈现竞争，开始时可能多个细胞同时兴奋，但一个兴奋程度最高的神经细胞对周围神经细胞的抑制作用越来越强，其结果就是使其周围神经细胞的兴奋程度降低，从而该神经细胞是这次竞争的胜者，而其他神经细胞在竞争中失败。为了表现这种侧抑制，图 4.11 所示的神经网络在输出层(竞争层)各神经元之间加了许多连接线，它们是模拟生物神经网络层内神经元相互抑制现象的权值。这类抑制性权值常满足一定的分布关系，如距离近的抑制强，而距离远的抑制弱。权值一般是固定的，训练过程中不需要调整，在网络拓扑图中可以予以省略。抑制作用最强的竞争学习算法即所谓的“胜者为王”学习算法，而最常用的竞争学习算法为自组织特征映射学习算法。

(2) 采用改进的 SOFM 学习算法的生物学依据

T. Kohonen 认为，一个神经网络接收外界输入模式时，将会分为不同的对应区域，各区域对输入模式具有不同的响应特征，而且这个过程是自动完成的。自组织特征映射学习算法正是根据这一看法提出来的，其特点与人脑的自组织特性相类似。

生物学研究的事实表明，在人脑的感觉通道上，神经元的组织原理是有序排列的。因此当人脑通过感官接收外界的特定时空信息时，大脑皮层的特定区域会兴奋，而且类似的外界信息在对应区域是连续映象的。例如，生物视网膜中有许多特定的细胞对特定的图形比较敏感，当视网膜中有若干个接收单元同时受到特定模式刺激时，就会使大脑皮层中的特定神经元开始兴奋，输入模式接近，对应的兴奋神经元也相近。在听觉通道上，神经元在结构排列上与频率的关系十分密切。对于某个频率，特定的神经元具有最大的响应。位置邻近的神经元具有相近的频率特征，而远离的神经元具有差别较大的频率特征。大脑皮层中神经元的这种响应特点不是先天安排好的，而是通过后天的学习自组织形成的。

对于某一图形或某一频率的特定兴奋过程是自组织特征映射网中竞争机制的生物学基础。而神经元的有序排列以及对外界信息的连续映象在自组织特征映射网中也有反映，当外界输入不同的样本时，网络中哪个位置的神经元最开始兴奋是随机的。但自组织训练后会在竞争层形成神经元的有序排列，功能相近的神经元非常靠近，功能不同的神经元离得较远，这一特点与人脑神经元的组织原理十分相似。

(3) 算法描述

① 初始化

对输出层各权向量赋小随机数并按式(4.10)进行归一化处理，从而得到 $\hat{\boldsymbol{B}}_k$：

$$\hat{\boldsymbol{B}}_k = \frac{\boldsymbol{B}_k}{\|\hat{\boldsymbol{B}}_k\|} = \frac{1}{\sqrt{\sum_{i=1}^{n}\sum_{j=1}^{n}(b_{ij}^k)^2}} \begin{bmatrix} b_{11}^k & \cdots & b_{1j}^k & \cdots & b_{1n}^k \\ \vdots & & \vdots & & \vdots \\ b_{i1}^k & \cdots & b_{ij}^k & \cdots & b_{in}^k \\ \vdots & & \vdots & & \vdots \\ b_{n1}^k & \cdots & b_{nj}^k & \cdots & b_{nn}^k \end{bmatrix} \tag{4.10}$$

其中，$k=1,2,\cdots,K$。然后建立初始优胜邻域 $N_{k^*}(0)$；对学习率 η 赋初始值。

② 接收输入

从训练集中随机选取一个输入模式并进行归一化处理，得到 $\hat{\boldsymbol{Y}}^p$，$p\in\{1,2,\cdots,P\}$，其中 P 为训练样本总数。

③ 寻找获胜节点

计算 $\hat{\boldsymbol{Y}}^p$ 与 $\hat{\boldsymbol{B}}_k$ 的点积，当 $\hat{\boldsymbol{Y}}^p$ 与 $\hat{\boldsymbol{B}}_k$ 均为矩阵时，其点积为两矩阵对应元素之积求和的结果，即

$$\sum_{i=1}^{n}\sum_{j=1}^{n} b_{ij}^k y_{ij}^p, \quad k = 1,2,\cdots,K$$

可从中选出点积最大者作为获胜节点 k^*。

④ 定义优胜邻域 $N_{k^*}(t)$

以 k^* 为中心确定 t 时刻的权值调整域，一般初始邻域 $N_{k^*}(0)$ 较大，训练过程中 $N_{k^*}(t)$ 随训练时间逐渐收缩。

⑤ 调整权值

对优胜邻域 $N_{k^*}(t)$ 内的所有节点调整权值：

$$b_{ij}^k(t+1) = b_{ij}^k(t) + \eta(t,N)(y_{ij}^p, - b_{ij}^k(t)) \tag{4.11}$$

其中，$i=j=1,2,\cdots,n$，$k\in N_{k^*}(t)$，$\eta(t,N)$ 是训练时间 t 和邻域内第 k 个神经元与获胜神经元 k^* 之间的拓扑距离 N 的函数，该函数为退火函数，一般有以下规律：

$$t\uparrow \rightarrow \eta\downarrow, N\uparrow \rightarrow \eta\downarrow$$

⑥ 结束检查

SOFM 网的训练不存在类似 BP 网中的输出误差概念，训练何时结束以学习率 $\eta(t)$ 是否衰减到零或某个预定的正小数为条件，不满足结束条件则回到步骤②。

(4) 算法改进

训练结束后，输出层各节点对应的权值向量(或矩阵)即成为各类样本的聚类中心。但输出层节点数的设置与训练集样本有多少模式类有关。如果节点数少于模式类数，则不足以区分全部模式类，训练的结果势必将相近的模式类合并为一类。这种情况相当于对输入样本进行粗分；如果节点数多于模式类数，一种可能是将类别分得过细，而另一种可能是出现“死节点”，即在训练过程中，某个节点从未获胜过且远离其他获胜节点，因此它们的权向量从未得到过调整。

采用 SOFM 学习算法解决分类问题时，如果对类别数没有确切信息，宁可先设置较多的输出节点，以便较好地映射样本的拓扑结构，如果分类过细再酌情减少输出节点。“死节点”问题则一般通过重新初始化权值得到解决。

对 SOFM 学习算法进行改进的思路如下：

① 改进一

训练结束后对各样本与其所属类的相似性进行相似性检查，若某样本 $\hat{\boldsymbol{Y}}^p$ 与代表其所属类别的权向量（矩阵）$\hat{\boldsymbol{B}}_k$ 的点积大于或等于预先设置的相似性门限值，即

$$\sum_{i=1}^{n}\sum_{j-1}^{n} b_{ij}^{k^*} y_{ij}^{p} \geqslant \rho \tag{4.12}$$

则训练结果有效；否则，需在输出层代表该类别的节点旁边增加一个节点，令该新增节点对应的权向量（矩阵）为 $\hat{\boldsymbol{Y}}^p = \hat{\boldsymbol{B}}_k$，用全部样本重新训练新网络，训练结束后进行上述操作。

② 改进二

在网络工作阶段，对竞争层的每一当前输入 $\hat{\boldsymbol{Y}}^p$ 及获胜节点均进行式(4.12)所规定的相似性检查，若检查结果不满足相似性要求，则在输出层代表该类别的节点旁边增加一个节点，且该新增节点对应的权向量（矩阵）为 $\hat{\boldsymbol{Y}}^p = \hat{\boldsymbol{B}}_k$。

4.3.2　基于神经网络集成的视觉信息中继处理模型与算法

视觉信息中继处理环节体现了思维中枢（视皮层）对来自感觉中枢（视网膜）的视觉信息流的调控作用。对于不同的视觉信息成分和不同的应用对象，调控的方法不同，视觉信息中继处理环节的实现方案与算法也不同。下面针对前述人工视网膜处理颜色信息和形状信息的两种实现方案，描述对应的视觉信息中继处理环节的模型及算法。

1. 颜色信息中继处理模型与算法

NNAMR 颜色信息处理模型（如图 4.9 所示）将 RGB 颜色体系转换成 HSL 颜色体系，这符合人类视觉特性，但输出的信息流较大，需在信息流进入视皮层进行处理前进一步处理，以减小信息流量并提高利用价值。图 4.13 为颜色信息中继处理的一种实现方案。

NNAMR 颜色信息处理模型的输出层任一节点的输出 $\boldsymbol{V}_{ij}$ 由色调 H_{ij}、饱和度 S_{ij} 和亮度 L_{ij} 构成。

$$\boldsymbol{V}_{ij} = (H_{ij}, S_{ij}, L_{ij})^{\mathrm{T}} \quad i=j=1,2,\cdots,n$$

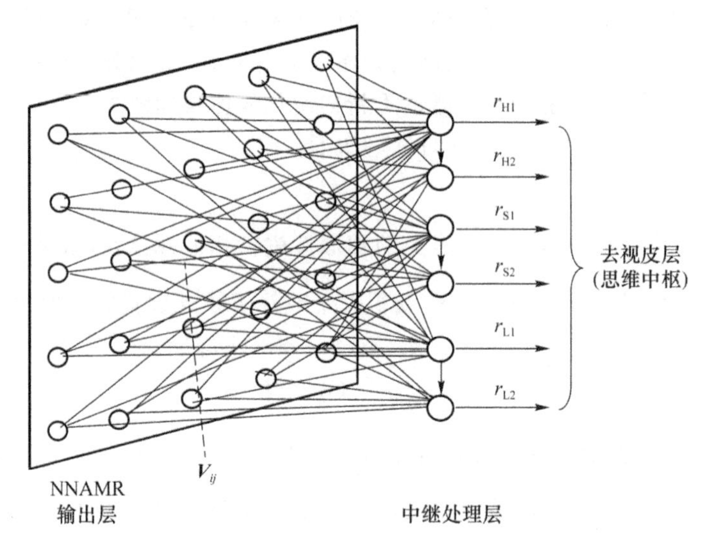

图 4.13　颜色视觉信息中继处理模型示意图

中继处理层由 6 个节点构成，各输出分量分别为

r_{H1}——色调均值；

r_{H2}——色调方差；

r_{S1}——饱和度均值；

r_{S2}——饱和度方差；

r_{L1}——亮度均值；

r_{L2}——亮度方差，

用向量表示为

$$\boldsymbol{R}=(r_{H1},r_{H2},r_{S1},r_{S2},r_{L1},r_{L1})$$

从神经网络的角度看，中继处理层的每个节点对应一个 $n\times n$ 的权矩阵，其中全部元素均为 1。各节点输出为

$$r_{H1}=\frac{1}{n^2}\sum_{i=1}^{n}\sum_{j=1}^{n}H_{ij} \tag{4.13}$$

$$r_{H2}=\sqrt{\frac{1}{n^2}\sum_{i=1}^{n}\sum_{j=1}^{n}(H_{ij}-r_{H1})^2} \tag{4.14}$$

$$r_{S1}=\frac{1}{n^2}\sum_{i=1}^{n}\sum_{j=1}^{n}S_{ij} \tag{4.15}$$

$$r_{S2}=\sqrt{\frac{1}{n^2}\sum_{i=1}^{n}\sum_{j=1}^{n}(S_{ij}-r_{S1})^2} \tag{4.16}$$

$$r_{L1}=\frac{1}{n^2}\sum_{i=1}^{n}\sum_{j=1}^{n}L_{ij} \tag{4.17}$$

$$r_{L2} = \sqrt{\frac{1}{n^2}\sum_{i=1}^{n}\sum_{j=1}^{n}(L_{ij} - r_{L1})^2} \tag{4.18}$$

2. 形状信息中继处理模型与算法

NNAMR 形状信息处理模型的输出层为竞争层，形状信息的中继处理层模型采用 S. Grossberg 的外星网，由此两层组合而成的网络相当于一个对偶传播网络的竞争层和 Grossberg 输出层（如图 4.14 所示）。

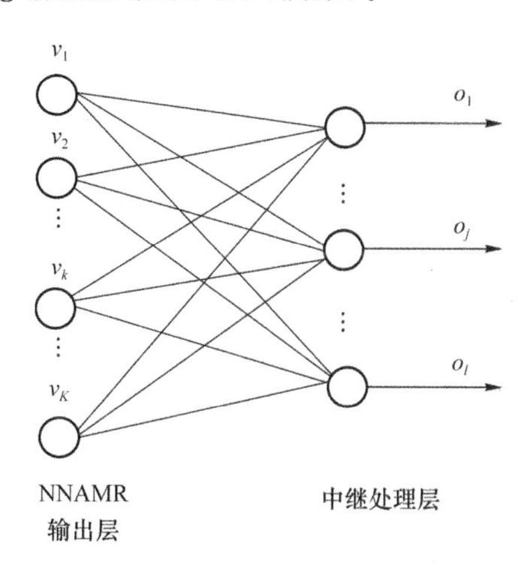

图 4.14　形状信息中继处理模型

在形状信息中继处理模型中，第一阶段，竞争层神经元采用无导师的竞争学习规则进行学习，其输出与中继处理模型中的 Grossberg 层全互连，采用有导师的 Widrow-Hoff 规则或 Grossberg 规则进行学习。

在形状信息中继处理模型中，竞争结束后竞争层的输出用 $\boldsymbol{V}$ 表示：

$$\boldsymbol{V} = (v_1, \cdots, v_k, \cdots, v_K)^{\mathrm{T}}$$

中继处理网络的输出用 $\boldsymbol{O}$ 表示：

$$\boldsymbol{O} = (o_1, \cdots, o_j, \cdots, o_l)^{\mathrm{T}}$$

网络的期望输出用 d 表示：

$$\boldsymbol{d} = (d_1, d_2, \cdots, d_l)^{\mathrm{T}}$$

竞争层到中继处理层之间的权值矩阵用 $\boldsymbol{W}$ 表示：

$$\boldsymbol{W} = (\boldsymbol{W}_1, \cdots, \boldsymbol{W}_j, \cdots, \boldsymbol{W}_l)$$

其中列向量 $\boldsymbol{W}_k$ 为竞争层第 k 个神经元对应的权向量。

网络各层按两种学习规则训练好之后，在运行阶段 NNAMR 输出层对输入进行竞争计算，若某个神经元的净输入值为最大，则该神经元竞争获胜，成为当前输入模式类的代表，同时该神经元成为图 4.15(a)所示的活跃神经元，输出值为 1，而其余神经元处于非活跃状态，输出值为 0。

竞争获胜的神经元激励中继层神经元，使其产生图 4.15(b)所示的输出模式。由于竞争失败的神经元的输出值为 0，故它们在中继层神经元的净输入中没有贡献，不影响其输出值。因此中继层输出就由竞争获胜的神经元对应的外星向量来确定。

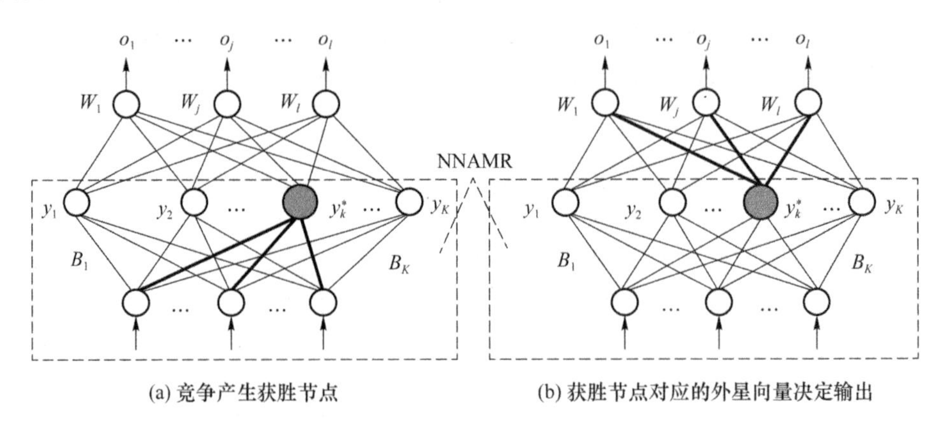

(a) 竞争产生获胜节点　　(b) 获胜节点对应的外星向量决定输出

图 4.15　形状信息中继处理模型的运行过程

采用外星学习算法对竞争层至中继层的外星权向量进行训练，步骤如下。

(1) 输入一个模式对 $\boldsymbol{N}^p$、$\boldsymbol{d}^p$，计算 NNAMR 的隐含层输出 $\boldsymbol{Y}^p$ 和竞争层的净输入 $\text{net}_k=\hat{\boldsymbol{Y}}^p\hat{\boldsymbol{B}}_k$，$k=1,2,\cdots,K$，其中隐含层到竞争层的权值矩阵 $\boldsymbol{B}$ 保持第一阶段的训练结果。

(2) 确定竞争获胜的神经元：

$$\text{net}_{k^*} = \max_k\{\text{net}_k\}$$

使

$$v_k = \begin{cases} 0, & k \neq k^* \\ 1, & k - k^* \end{cases} \tag{4.19}$$

(3) 调整 NNAMR 的竞争层到中继处理模型 Grossberg 层的外星权向量，调整规则为

$$w_{kj}(t+1) = w_{kj}(t) + \beta(t)[d_j - o_j(t)] \quad k = 1,2,\cdots,K, j = 1,2,\cdots,l \tag{4.20}$$

其中：$\beta(t)$为外星学习算法的学习率，也是随时间下降的退火函数；o_j 是 Grossberg 层神经元的输出值，由式(4.21)计算。

$$o_j(t) = \sum_{k=1}^{K} w_{kj} v_k \tag{4.21}$$

由式(4.19)可知，式(4.21)可简化为

$$o_j(t) = w_{k^*j} v_{k^*} = w_{k^*j} \tag{4.22}$$

将式(4.22)代入式(4.20)，得到的外星权向量调整规则如下：

$$w_{kj}(t+1)=\begin{cases}w_{kj}(t), & k\neq k^*\\ w_{kj}(t)+\beta(t)[d_j-w_{kj}(t)], & k=k^*\end{cases}$$

由以上规则可知，只有竞争获胜神经元的外星权向量得到调整，调整的目的是使外星权向量不断靠近并等于期望输出，从而将该输出编码到外星权向量中。

(4) 重复步骤(1)至步骤(3)，直到$\beta(t)$下降至0。

从形状信息处理的人工视网膜模型到视觉信息中继处理模型，构成了一个由4层神经元网络集成的能处理基本视觉信息的人工神经系统。该系统的3层权值分别采用了先天型、无导师训练型和有导师训练型3种学习算法。该集成神经网络能对复合输入模式包含的所有训练样本对应的输出进行线性迭加，这种能力对于图象的迭加等应用是十分合适的。

4.4 基于深度学习的感觉中枢模型

深度学习(Deep Learning，DL)的基础是深度神经网络，多层感知器是DL模型的典型范例。从理论上看，传统的多层感知器有很好的特征表达能力，但其计算能力不足，训练数据缺乏，梯度弥散，所以一直无法取得突破性进展。近年来，各种DL模型被相继提出．包括堆栈式自动编码器(Stacked Auto-Encoder，SAE)、受限玻尔兹曼机(Restricted Boltzmann Machine，RBM)、深度信念网络(Deep Belief Network，DBN)、循环神经网络(Recurrent Neural Network，RNN)、卷积神经网络(Convolutional Neural Network，CNN)等。其中，随着训练数据的增长和计算能力的提升，CNN开始在各领域中得到广泛应用。

4.4.1 深度神经网络的生物学基础

人类的视觉系统包含不同的视觉神经元，这些神经元与瞳孔所受的刺激(系统输入)之间存在着某种对应关系(神经元之间的连接参数)，即受到某种刺激后(对于给定的输入)，某些神经元就会活跃(被激活)。从低层的信息抽象出边缘、角之后，再进行组合，形成高层特征抽象。大脑神经系统的工作其实是不断将低级抽象传导为高级抽象的过程，高层特征是低层特征的组合，越到高层特征就越抽象。

事实上，语音识别、图像识别和语义理解中的语音、图像、文本等训练任务本身就具有天然的层次结构。实验结果发现，图片分割出的碎片往往可以表达为一些基本碎片的组合，而这些基本碎片组合都是不同物体在不同方向的边缘线。这说明可以通过有效的特征提取，将像素抽象成更高级的特征。类似的结果也适用于语音特征。表4.1给出几种任务领域的特征层次结构。

表 4.1　几种任务领域的特征层次结构

任务领域	原始输入	浅层特征	中层特征	高层特征	训练目标
语音	样本	频段、声音	音调、音素	单词	语音识别
图像	像素	线条、纹理	图案、局部	物体	图像识别
文本	字母	单词、词组	短语、句子	段落、文章	语义理解

以图像识别为例，图像的原始输入是像素，相邻像素组成线条，多个线条组成纹理，进一步形成图案，图案构成物体的局部，直至整个物体的样子。不难发现，可以找到原始输入和浅层特征之间的联系，再通过中层特征，一步一步获得和高层特征的联系。想要从原始输入直接跨越到高层特征，无疑是困难的。

4.4.2　深度神经网络算法概述

深度神经网络是包含多个隐含层的神经网络，每一层都可以采用监督学习或非监督学习进行非线性变换，实现对上一层的特征抽象。通过逐层的特征组合方式，深度神经网络将原始输入转化为浅层特征、中层特征、高层特征直至最终的任务目标。显然，深度神经网络是最接近人类大脑的智能信息处理框架，但由于深度网络包含多个隐含层，直接采用误差反传算法往往导致在梯度传播过程中，随着传播深度的增加，梯度的幅度会急剧减小，因而权值更新非常缓慢，不能有效学习。

2006 年，多伦多大学的 Geoffery Hinton 教授采用非监督的逐层贪心训练算法实现了对深度信念网络(Deep Belief Networks，DBN)的训练，开深度神经网络训练之先河。深度神经网络包含多个隐含层，构成这些隐含层的基本组件有自编码器、稀疏自动编码器、受限玻耳兹曼机、卷积神经网络。

目前，深度神经网络的学习算法包括有监督学习、无监督学习以及半监督学习。在深度学习中，往往需要通过无监督学习来聚类或抽取特征，或者对权值进行预训练，或者逐层训练网络，而不是同时训练所有权值，误差反传算法则往往起到微调权值的作用。网络模型不同，训练算法也不相同，下面将重点介绍 Geoffery Hinton 教授所给出的方法，其核心是引入逐层初始化的思想。

如图 4.16 所示，深度神经网络由若干层组成，从输入层开始经过若干隐含层[即编码器(coder)]后进行输出。这些编码器的作用是对输入特征逐层抽取，从低层到高层。为使得抽取的特征确实是输入的抽象表示，且没有丢失太多信息，在编码后再引入一个解码器(decoder)重新生成输入，据此与原输入进行比较以调整编码器和解码器的权值。这个编码→解码的过程正是一个认知→生成的过程。以此类推，第一次编码器的输出再送到下一层的编码器中，执行类似的操作，直至训练出最高层模型。整个编码过程相当于对输入特征逐层进行抽象或特征变换。

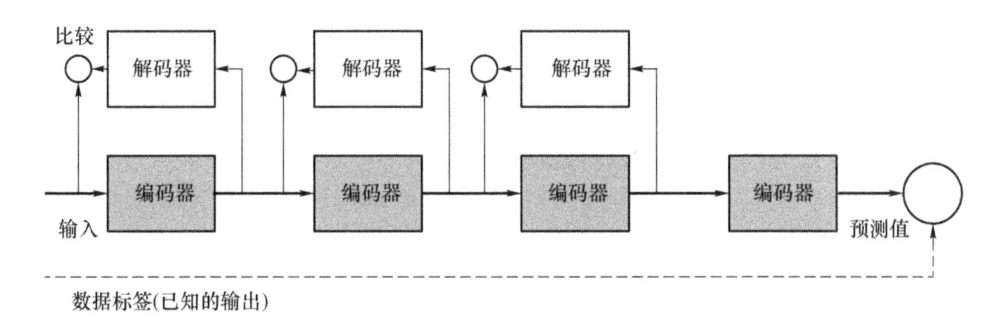

图 4.16　逐层初始化算法

逐层初始化完成后,就可以用有标签的数据,采用反向传播算法对模型进行自上而下的整体有监督训练了,这一步可看作对多层模型整体的精细调节。逐层初始化方法通过对输入特征的有效表征和抽象将模型参数的初始位置放在一个比较接近全局最优的位置,以获得较好的效果。

其他深度学习算法的实现形式虽然不同,但核心都是利用多个隐含层逐层抽取输入特征。例如,从图像的像素开始逐层抽取线条→纹理→图案→局部等特征,以期能够获得输入特征更有意义的表示,完成分类或其他复杂任务。

本 章 小 结

本章分析了人脑感觉系统的信息处理机制,给出了 3 层结构的感觉信息处理模型:感受器层、信息传导与中继处理层和皮层感觉区的感知层。以视觉信息处理为核心,本章阐述了人工视觉系统的研究背景,提出一种基于仿生的视觉系统研究方案。在此基础上,对视觉系统 3 层结构中的前两层(即感受器层的视网膜和中继层的丘脑外膝体)的生物原型做了简要介绍和分析,指出视觉系统具有平行和串行相结合的信息处理结构。

本章建立了人工视网膜模型和视觉信息中继处理环节模型,并采用多种神经网络集成技术实现了对视觉信息中颜色和形状两种基本成分的处理,给出了相应的网络模型和算法。

本章参考文献

[1]　韩力群.人体感觉机制的模型化与数字化[J].中国医学影像技术,2003,19

(204):63-66.

[2] 寿天德. 视觉信息处理的脑机制[M]. 上海:科技教育出版社,1997.

[3] 马颂德,张正友. 计算机视觉[M]. 北京:科学出版社,1998.

[4] 贾云得. 机器视觉[M]. 北京:科学出版社,2000.

[5] Zeki S M. A vision of the brain[M]. Oxford:Blackwell Scientific Publisher,1993.

[6] Castleman K R. Digital image processing[M]. [S. l.]: Prentice-Hall,Inc. 1996.

[7] 张琦. 机器视觉系统的原理及现状[J]. 电子工业专用设备,1999,4:20-21.

[8] 田思、袁占亭. 计算机视觉系统框架的新构思[J]. 计算机工程与应用,2000,6:57-59.

[9] Dobelle W H. Artificial vision for the blind by connecting a television camera to the visual cortex[J]. ASAIO Journal,2000(46):3-9.

[10] 刘伟,袁修干,等. 生物视觉与计算机视觉的比较[J]. 航天医学与医学工程,2001,8:303-307.

[11] 韩力群. 人工视觉系统的集成神经网络模型研究[J]. 中国医学影像技术,2005,21(4):646-648.

[12] 韩力群. 视觉信息处理的人工神经系统模型研究[J]. 微计算机信息,2006,(3Z):204-250,252.

[13] 韩力群. 人工神经网络理论设计及应用[M]. 2 版. 北京:化学工业出版社,2007.

[14] 韩力群. 人工神经网络教程[M]. 北京:北京邮电大学出版社,2006.

[15] Haykin S. 神经网络原理[M]. 叶世伟,史忠植,译. 北京:机械工业出版社,2004.

第 5 章　思维中枢的类脑模型研究

思维中枢的主要功能是进行思维、产生意志、控制行为以及协调人体的生命活动。本章分析了思维中枢的主要性能和左、右脑的性能，研究了思维中枢的建模方案、类右脑模型及算法、类左脑模型及技术实现等。

5.1　思维中枢的人脑原型研究

思维中枢的生物原型是人的大脑。大脑是中枢神经系统中体积最大的部分，也是神经系统的最高级中枢。分析研究大脑信息处理的主要性能对思维中枢的建模方案具有重要启示。

5.1.1　大脑皮层分区与功能定位

大脑按功能可以分成大脑基底核、边缘叶和大脑皮层或皮质(cerebral cortex)3 部分，其中大脑皮层是覆盖于端脑表面的灰质层，也是脑的高级功能的物质基础。研究大脑皮层结构的学科称为构筑学(architectonics)，一些学者根据细胞构筑学以及纤维构筑学等，给出了大脑皮层的构筑分区图。但不同学者划分的分区数目差异很大，其中比较广泛为人们采用的是由德国神经学家 K. Brodmann 提出的分区图，将大脑皮层划分为 52 个机能分区，如图 5.1 所示，图中只展示了部分分区。

概括地讲，大脑皮层可以分为感觉区、运动区和联合区三大机能区。感觉区是接收并处理来自眼睛、耳朵、皮肤等人体各种感觉器官信号的分区；运动区是大脑产生运动意图、处理并向外发送随意运动信号的区域；除感觉区和运动区以外的区域是联合区。

(1) 感觉区

不同的感觉信号分别被感觉区内的不同部位所接收。例如，视觉信号和听觉

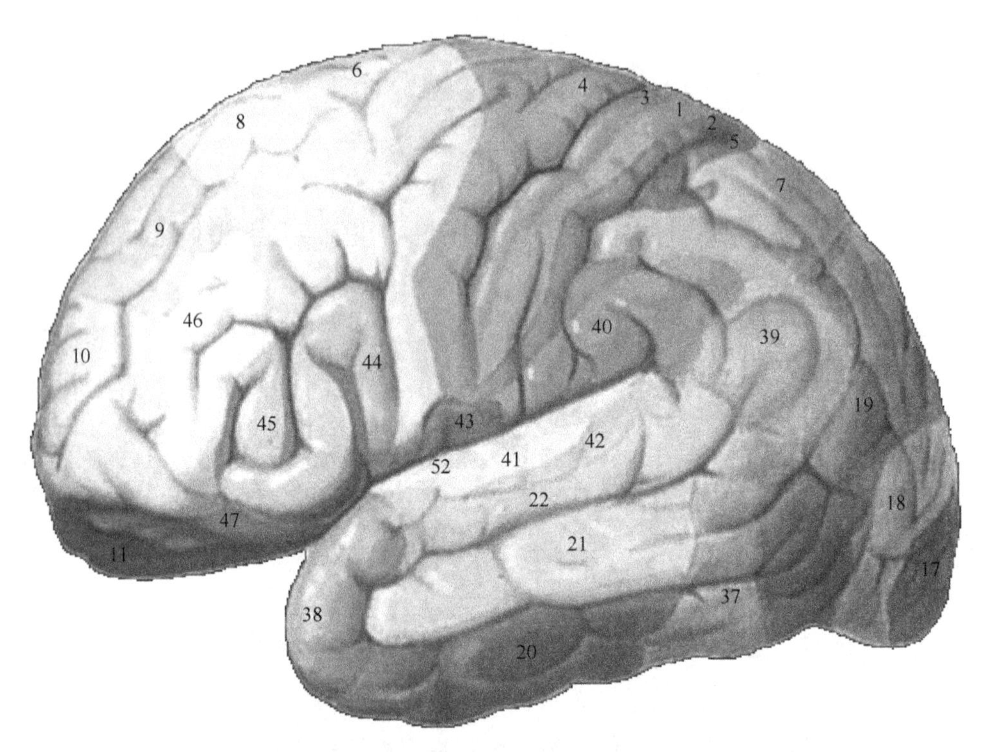

图 5.1　大脑皮层的机能分区图

信号分别进入位于后枕叶的视觉区和听觉区；来自皮肤的感觉则经下丘脑进入初级体感区。感觉区又分为初级感觉区和次级感觉区，初级感觉区的功能是感受和分析感觉刺激，而次级感觉区则在此基础上加以整合和联系，产生具体的感觉。大脑左、右半球二侧的感觉区分别接收和处理来自右、左躯体的各种感觉信号。

(2) 运动区

大脑皮层的运动脑区包括初级运动区、运动前区和辅助运动区等。这些子区分别控制着不同类型的运动或同型运动的不同方式。不同运动子区之间也存在着相互联系和协调作用，从而控制复杂的人体运动，其中有些区域整合感觉信号形成特定的运动模式。

(3) 联合区

大脑皮层的联合区包括顶叶、颞叶和额叶，约占大脑皮层的 75%，其主要功能是认知。它接收和整合来自初级感觉区和次级感觉区、运动区、丘脑和脑干的信号，其输出达到海马、基底核、小脑、丘脑和联合皮层的其他区域。目前人们对大脑皮层联合区的功能及机制的了解还比较模糊，研究结果表明：顶叶主要是注意内、外环境中的复杂刺激，对特定刺激有选择地加以注意；颞叶主要是鉴定这些刺激，辨认并确定相关刺激的特征；额叶是设计并执行合适的行为反应。

图5.2为大脑皮层的功能模型示意图。其中,大脑皮层的感觉区关联感觉中枢,负责对各种感觉信号进行整合、模式识别与理解;运动区生成运动意图指令并向运动中枢发送;联合区则进行信息处理、意识产生和协调控制。

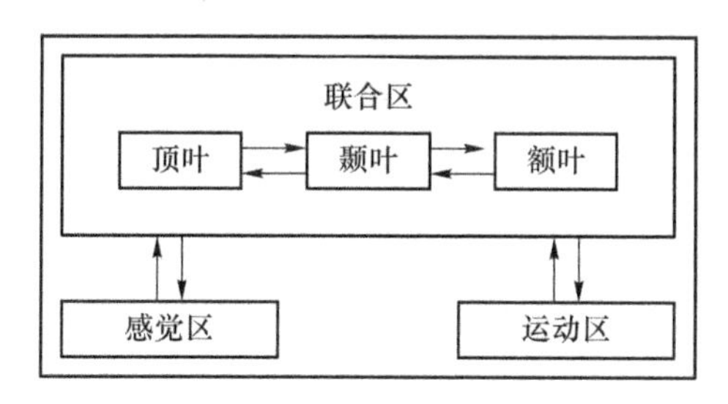

图5.2　大脑皮层的功能模型

5.1.2　左、右脑的分工协作

20世纪60年代,Sperry的裂脑人实验对认知的神经生物学带来新的思考,即人脑认知功能的侧向化。为了测试左、右两侧大脑半球的功能是否有差别,首先必须分别测试左、右两侧大脑半球的功能。在胼胝体切断的情况下,左、右半球之间的信息交互已经断开,因此,胼胝体切断的裂脑人为此提供了实验条件。

人类认知的显著特点是其具有特定认识与表达能力,即赋予特定的符号以特定的意义,用以表达人的思想和意图,语言就是这样一种能力。对失语症病人脑区的研究表明,人脑的语言能力定位于联络皮层颞叶、额叶的某几个特定语言区域,大多数人此脑区位于左侧大脑半球。但是,语言的情感性成分主要在右侧大脑半球。先天性耳聋病人只有手势而无语言,其与手势语言相关的脑区与正常人语言区是相同的。由此可知,与语言有关的脑区实际上不仅为了用语言进行表达,还是为了利用符号进行通信。

大量实验结果表明,左脑主要侧重的认知功能为理性思维、逻辑思维、理智意识、行为意图、符号信息处理、说话、书写以及计算等行为;右脑主要侧重的功能为感性思维、形象思维、情感意识以及直觉、图像、音乐和绘画等行为活动。图5.3表示了左脑和右脑的功能分工。

事实上,人脑的左脑和右脑是由具有2亿多条神经纤维的胼胝体相互连在一起的人脑大系统,因此,胼胝体是左、右脑相互通信、协同工作的信息通道。所谓的人脑功能的侧向化实际上是反映了左、右脑认知功能的不同分工。切断了胼胝体的裂脑人实验可以证明这种分工,但却无法观察到左脑与右脑协同工作的认知功能。

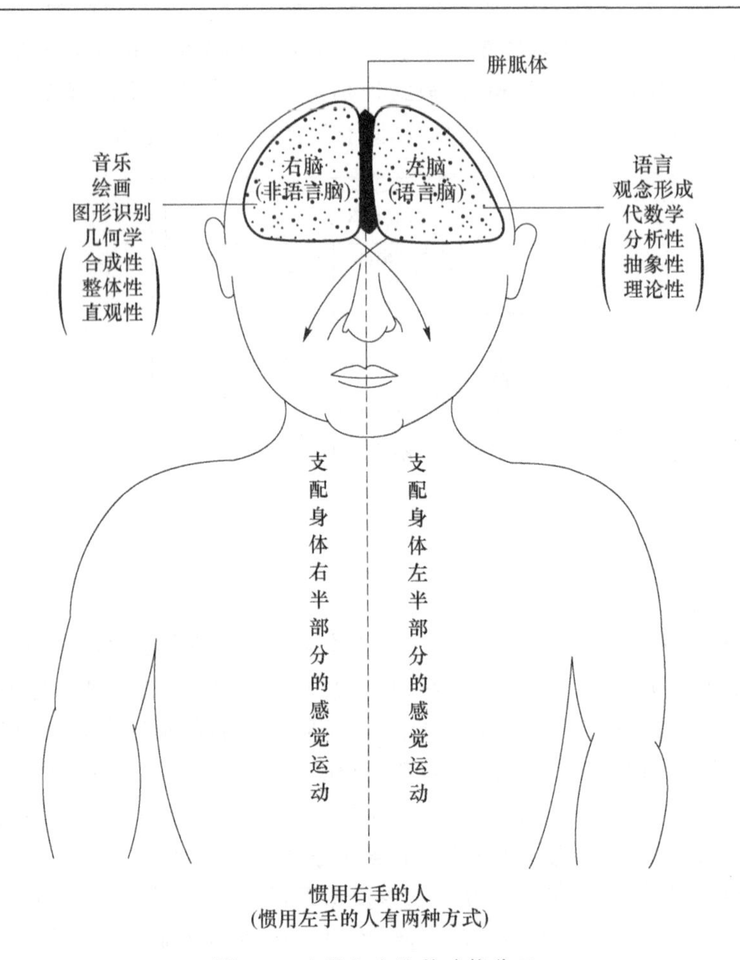

图 5.3 左脑和右脑的功能分工

5.2 思维中枢的建模方案

根据上述分析,图 5.4 给出思维中枢的建模方案。根据左、右脑认知功能的分工特点,可采用模糊知识推理机和运算器建立左脑信息处理模型,可采用人工神经网络建立右脑信息处理模型,而左、右脑的相互通信与协同工作可通过人工胼胝体实现。

由一种或多种神经网络实现的右脑模型可通过学习和训练进行记忆、联想、信号处理、知识挖掘、特征提取、模式识别和统计分析等信息处理,适用于求解这类问题的神经网络有多层前馈网络、自组织特征映射网络、自适应共振网络以及反馈网络等。

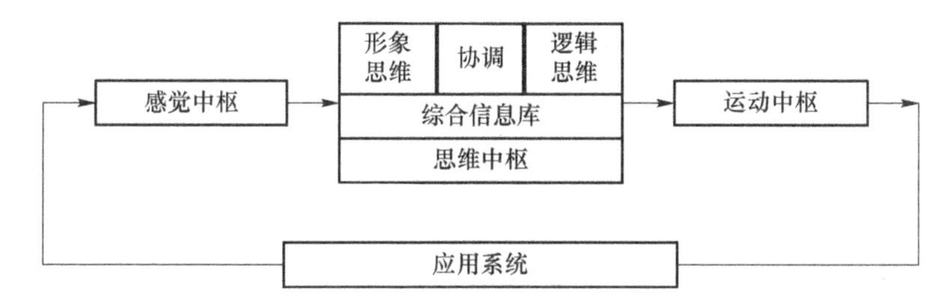

图 5.4　思维中枢的建模方案

由推理机和运算器实现的左脑模型是一类以知识为基础的推理决策系统，并有数值运算功能，可进行推理、分析、判断、决策、问题求解以及数值运算等高层次的信息处理。

左、右脑模型通过协同工作进行不同类型的智能信息处理，涉及的数据、参数、知识、模型、规则等统一存储在综合信息库中。

人工胼胝体的主要功能是实现左、右脑的相互通信与协同工作，可采用互动智能通信网络进行技术建模。

5.2.1　类右脑模型的建模方案

具有记忆、联想、信号处理、知识挖掘、特征提取、模式识别和统计分析等信息处理能力的模型都可以看作类右脑模型。类右脑模型可以实现上述功能中的一种功能，也可以同时具备多种功能，应根据具体应用并结合感觉中枢的信息处理功能进行适当的设计。例如，应用系统的感觉中枢部分采用的是人工视觉模型，其信息处理功能为图像特征提取，相应的思维中枢类右脑模型若具有模式识别功能，则可以实现对特征空间样本的正确分类；若具有自联想或异联想功能，则可以根据样本的部分信息进行动态回忆或联想。本章以实现视皮层的模式识别功能为重点，讨论类右脑模型的神经网络实现问题。

根据对大脑皮层生物学原型的分析，皮层对信息的处理具有分区处理与整合的特点。以视皮层为例，一方面，视皮层的不同视区对视觉的不同信息属性进行分别处理；另一方面，在不同视区之间存在着相互投射。视区间存在的前馈、反馈和局部连接是视皮层对各种视觉信息进行整合并产生视觉的基础，这种整合作用可用式(5.1)描述：

$$\text{Vision} = F(\boldsymbol{V}_{\text{lightness}}, \boldsymbol{V}_{\text{move}}, \boldsymbol{V}_{\text{space}}, \boldsymbol{V}_{\text{color}}, \boldsymbol{V}_{\text{shape}}, \cdots) \tag{5.1}$$

其中，F 为整合函数，圆括号中为各视区对特定视觉信息的提取结果。

根据视皮层的视觉信息分区处理与整合的特点，提出图 5.5 所示的模型。其中，设视觉信息中继处理环节的信号传递比为 1，对于各视觉信息编码区，即视觉系统中继环节神经网络的输出层，其编码规则由模型所应用的场合决定。例如，在形状信息中继处理模型中，将形状信息编码的结果存储于中继信息处理网络输出层各神经元的外星向量中。

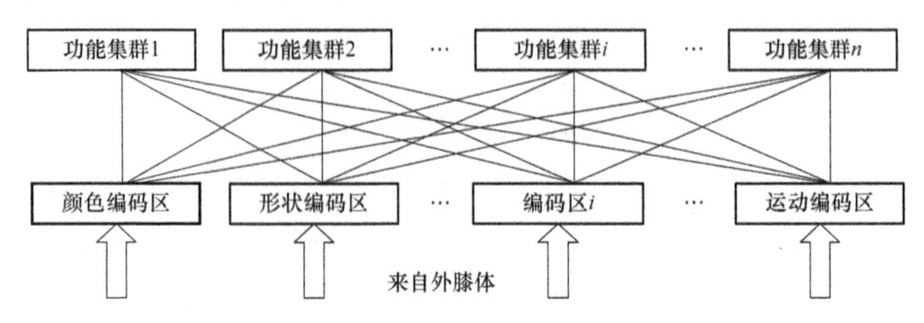

图 5.5　人工视皮层的视觉信息分区处理与整合模型

根据神经元功能按等级组构的假设，应存在能把巨大的视觉信息聚集在一起的复杂细胞。因此，在人工视皮层模型中设计了若干由神经网络实现的功能集群，对各类视觉信息的整合由各种功能集群完成，如识别字符的功能集群、识别指纹的功能集群、识别脸谱的功能集群，等等。神经生物学研究表明，皮层具有可塑性。因此，视皮层必然会通过不断调整功能来适应重要的刺激从而逐渐形成特异性的脑区。这种自学习、自组织和自适应性可通过恰当的人工神经网络训练算法来实现。

5.2.2　类左脑模型的建模方案

类左脑模型最重要的功能是知识管理和智能决策，即运用知识和经验来解决系统面临的某些实际问题。因此，应根据三中枢自协调类脑模型的具体应用选择适用的知识表示、知识推理和知识获取等方法技术，并考虑这些方法技术与类右脑模型所采用方法技术的协调问题。

人工智能领域的传统优势是各种基于知识的推理系统，从类脑的角度看，基于知识的推理策略正是一类常见的类左脑建模方案，其推理策略采用具有大脑风格的启发式推理、模糊推理和混合推理。

5.2.3　人工胼胝体的建模方案

人工胼胝体的建模方案包括功能模型和技术模型两部分。功能模型的主要内容是左、右脑模型的相互通信与协同工作，设计方法可借鉴智能管理系统的“三化”设计方法，即智能化、集成化和协调化。其中集成化是指多种功能、技术和方法的集成。例如，综合信息库由数据库、知识库、模型库和图像库构成，以及模型库由数学模型、知识模型和网络模型组成等。技术模型主要指实现方案，可借鉴互动智能通信技术和网络数据库技术。图 5.6 给出含有综合信息库的人工胼胝体模型的组成方案。

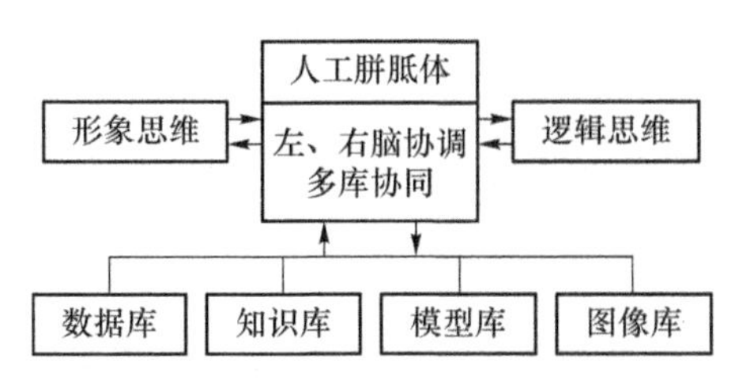

图 5.6　人工胼胝体模型的组成方案

根据实际应用的需要，图 5.6 的组成方案中还可增加方法库、图形库、音素库、语料库等。各种库由作为左、右脑结合部的人工胼胝体进行协同，具体内容将在第 7 章讨论。

5.3　类右脑模型及算法

根据右脑的功能特点，主要采用人工神经网络的建模思想和技术实现类右脑模型及算法的设计。

5.3.1　皮层信息处理的主要特点

以视觉系统为例进行说明，视觉信号经视网膜的神经网络处理后，由视神经向视中枢传递，通过丘脑外膝体后达到视皮层。在视皮层进行复杂的信息加工，最终产生视知觉。

视皮层的神经细胞具有柱状的组构模式。此外，如同在视网膜和外膝体中的情形一样，视皮层在视觉信息处理中既显示出明显的串行特性，又显示出明显的平行特性。

(1) 视皮层的功能构筑

研究表明，具有相似感受野反应特性的细胞倾向于在视皮层中聚集成柱形结构。因此，视皮层组织为具有相似功能特性的垂直细胞群。例如，具有相同感受野最佳朝向的细胞倾向于聚集在与皮层表面相垂直的朝向柱中。同样，具有相同眼优势的细胞倾向于聚集在眼优势柱中。根据这些研究结果，已经提出了一个重要的概念：可以把初级视皮层的基本功能单元看作约 1 mm 见方、2 mm 深的小块，即所谓超柱(hypercolumn)。

(2) 视皮层的串行处理

D. Hubel 和 T. Wiesel 提出的等级假设认为，在视皮层中，更复杂的感受野是由处于视信息处理中较低层次的、较简单的感受野的有序综合而形成的。已有不少生理学、解剖学、药理学研究对这一假设提供支持。实际上，感受野对运动和颜色信息的处理是在各自的平行通路中采用串行性等级式处理的方式，逐步抽提有意义的信息。

(3) 视皮层的平行处理

大量研究证据表明，视系统组织成不同的通路对视觉信息的不同侧面进行传递和处理。从平行信息处理的角度看，单个细胞或细胞群在感知的水平上并不表示某种特征状态，而仅仅表示被感知物的某些特殊方面。换言之，分离的各部分所表示的并非整体，而是它们之间的关系构成了整体的感知。这些不同部分间的相互联系能产生变化繁多的反应类型，从而极细致地分析复杂的视觉世界。

(4) 注意机制

要实现不同部分的相互联系，脑必须通过某种机制，把在皮层不同区域独立完成的信息处理综合起来。研究表明，在这种综合的过程中，必须要有“注意”的参与。“注意”会强调某一物体的特异性质，突出有重要意义的视觉目标，而忽略该物体的其他特性和其他物体。

5.3.2 模式识别网络模型及算法

根据神经元功能按等级组构，按功能分区的串行、平行信息处理特点，以及视皮层通过不断调整功能来适应重要的刺激从而逐渐形成特异性脑区的机制，可采用美国波士顿大学的 S. Grossberg 和 A. Carpentent 提出的自适应共振理论(Adaptive Resonance Theory, ART)神经网络的思路构建视皮层的信息处理模型。

1. ART 神经网络的特点与启发

A. Grossberg 多年来一直潜心研究描述人类心理和认知活动的统一的数学理论，ART 神经网络就是这一理论的核心部分。ART 神经网络采用的是以认知和行为模式为基础的一种无导师矢量聚类的竞争学习算法，成功地解决了学习中稳定性和可塑性之间的矛盾。ART 神经网络在数学上用非线性微分方程描述，在网络结构上兼具前馈和反馈，且各层节点具有不同的性质。

之所以采用 ART 的思路实现类右脑模式识别功能，是因为它与其他神经网络相比具有以下独特的优点：

① ART神经网络实现的是实时学习，而不是离线学习；

② ART神经网络具有自组织功能，而不是实现有导师学习；

③ ART神经网络具有自稳定性；

④ ART神经网络具有对不可预测的外部世界的应变能力，而不是只适应对外部世界封闭的环境；

⑤ ART神经网络能主动地将注意力集中于最有意义的特征，而不需要被动地由外界给出对各种特征的注意权值；

⑥ ART神经网络可用于构造一个可进行认知假设检验、数据搜索和分类的通用信息处理系统，而这正是类右脑模型实现模式识别功能所需要的。

2. 模式识别网络模型的结构及原理

(1) 网络系统结构

从图5.7给出的网络结构可以看出，该网络结构与前面出现过的网络拓扑结构有较大区别。网络由3层神经元构成一个回路，分别为输入层、模式识别层和相似性检验层。其中输入层和模式识别层位于类右脑模型中，而相似性检验层位于类左脑模型中。此外该网络中还有通过人工胼胝体传递的来自类左脑模型的复位信号。

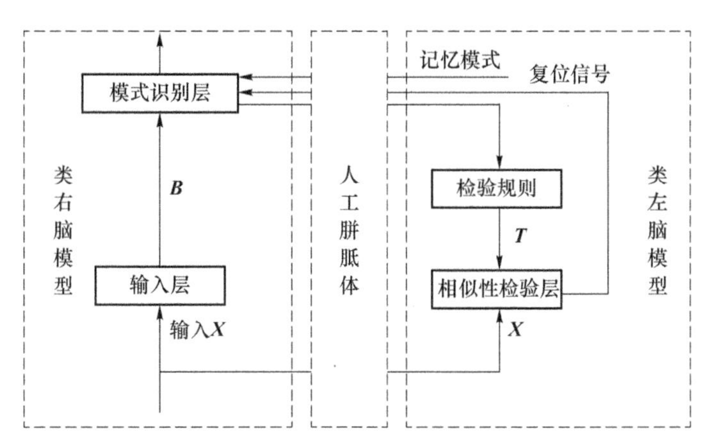

图5.7　模式识别网络模型结构

(2) 网络运行原理

位于类右脑模型中的输入层至模式识别层为前馈竞争网，输入层有 n 个节点，每个节点负责接收外界输入信号 $x_i(i=1,2,\cdots,n)$。模式识别层为竞争层，采用 Winner-take-all 学习算法。设竞争层有 m 个节点，用以表示 m 个输入模式类。m 可动态增长，以设立新模式类。由输入层连接到竞争层第 j 个节点的内星权向量用 $\boldsymbol{B}_j=(b_{1j},b_{2j},\cdots,b_{nj})$ 表示。输入层将向量 $\boldsymbol{X}$ 沿 m 个内星权向量 $\boldsymbol{B}_j(j=1,2,\cdots,m)$ 向前传送，到达竞争层各个神经元节点后经过竞争产生获胜节点 j^*，指示本次输入模式的所属类别。获胜节点输出 $r_{j^*}=1$,其余节点输出为 0。

竞争层的获胜节点信号通过连接类左、右脑系统的人工胼胝体传送到位于类左脑模型中的检验规则模块,以触发不同模式类对应的特定检验规则 T_{j*}。相似性检验层根据获胜节点对应的检验规则 T_{j*} 对当前输入的模式 $\boldsymbol{X}$ 进行检验,根据某种事先设定的条件,$\boldsymbol{X}$ 符合(或不符合)该类的检验标准,检验结果通过人工胼胝体反馈到类右脑模型中的模式识别层,以确定本次分类判别结果是否有效。

3. 模式识别网络的学习算法及功能特点

(1) 网络学习算法

将模糊集合理论与上述模式识别神经网络相结合构成模糊模式识别网络,模式网络学习算法描述如下。

① 网络初始化

若网络用于聚类,则模式识别层各节点对应的权向量 $\boldsymbol{B}_j$ 被赋予相同的较小数值,并将其归一化为单位向量。

② 网络接收输入

给定一个输入模式,对其进行归一化。

$$\boldsymbol{X}=(x_1,x_2,\cdots,x_n)^{\mathrm{T}},\quad x_i\in[0,1],\quad i=1,2,\cdots,n$$

③ 类别判定

输出层的每个节点对应于一个权值向量 $\boldsymbol{B}_j$:

$$\boldsymbol{B}_j=(b_{1j}.b_{2j},\cdots,b_{ij},\cdots,b_{nj})^{\mathrm{T}},\quad j=1,2,\cdots,m$$

对于每一输入 $\boldsymbol{X}$ 和可能的类别 j 定义的选择参数如下:

$$S_j(\boldsymbol{X})=\frac{\|\boldsymbol{X}\wedge\boldsymbol{B}_j\|}{\alpha+\|\boldsymbol{B}_j\|}\quad j=1,2,\cdots,m \tag{5.2}$$

其中模糊算子∧的定义为

$$(\boldsymbol{X}\wedge\boldsymbol{Y})_i=\min(x_i,y_i)$$

范数定义为

$$\|\boldsymbol{X}\|=\sum_{\mathrm{i}=1}^{\mathrm{n}}|\mathrm{x_i}|$$

类别选择指数为

$$S_{j^*}=\max_j\{T_j\}$$

④ 最佳匹配节点确定

根据类别选择指数,在竞争层有效输出节点集合 J^* 内确定竞争获胜的最佳匹配节点 j^*,使得

$$r_j=\begin{cases}1, & j=j^*\\0, & j\neq j^*\end{cases}$$

⑤ 相似性检验

根据竞争层获胜节点号 j^* 调出相应的检测规则 $\boldsymbol{T}_{j^*}$,根据该规则判断当前输

入模式 $\boldsymbol{X}$ 与所属模式类的相似程度是否满足事先设定的标准，由此判断结果决定当前模式分类的有效性。如果 $\boldsymbol{X}$ 与所属模式类的相似程度不满足要求，则本次竞争获胜节点无效，因此从竞争层有效输出节点集合 J^* 中取消该节点，训练转入步骤⑥；如果 $\boldsymbol{X}$ 与所属模式类的相似程度满足要求，则表明 X 应归为获胜节点所代表的模式类，转向步骤⑦调整权值。若相似性检验不以检验规则的形式进行，可根据是否满足

$$\frac{\|\boldsymbol{X} \wedge \boldsymbol{B}_{j^*}\|}{\|\boldsymbol{X}\|} \geqslant \rho \tag{5.3}$$

来决定本次模式分类的有效性。

⑥ 匹配模式类搜索

如果有效输出节点集合 J^* 不为空集，则转向步骤④重选匹配模式类；若 J^* 为空集，则表明竞争层现存的所有模式类典型向量均与 $\boldsymbol{X}$ 不相似，$\boldsymbol{X}$ 无类可归，需在竞争层增加一个节点。设新增节点的序号为 n_c，应使 $\boldsymbol{B}_{n_c}=\boldsymbol{X}$，并在检验规则模块中增加一条相应的检验规则。此时有效输出节点集合为 $J^*=\{1,2,\cdots,m,m+1,\cdots,m+n_c\}$，转向步骤②输入新模式。

⑦ 网络权值调整

修改竞争层节点 j^* 对应的权向量，调整按以下规则进行：

$$\boldsymbol{W}_{j^*}(t+1)=\beta(\boldsymbol{X} \wedge \boldsymbol{W}_{j^*}(t))+(1-\beta)\boldsymbol{W}_{j^*}(t) \tag{5.4}$$

该网络采取边训练边工作的在线训练方式，当用于模式分类时，可由类左脑模型提供的数据将模式识别层各节点对应的权向量 $\boldsymbol{B}_j$ 编码为特定模式类的典型向量，工作时不需要再修正权向量。

(2) 功能特点

本章设计的模式识别网络功能上具有以下特点。

① 类右脑的模式识别功能与类左脑的逻辑推理功能相结合，两者通过人工胼胝体的信息传递协同工作。该网络功能既体现了大脑左、右半球功能侧向化的特点，又体现了大脑在功能上是统一体的特点。

② 网络具有分类功能，用于分类时，可将各模式类的典型向量编码为模式识别层各节点的权向量，网络工作时不必再调整权值。

③ 网络具有聚类功能，用于聚类时，网络通过竞争学习算法自动抽取输入数据流中的类别知识。

④ 网络具有分类与聚类兼顾的混合型模式识别功能，因而更接近人脑的模式识别风格。若对应用对象的模式类有部分的先验知识，可先利用这些知识对模式识别层的权向量进行赋值。当网络工作时遇到新模式时，由于有类左脑模型中的检验规则把关，因此网络不会将新模式错分为某个已知模式，而是通过增设新节点将其作为新模式的代表，这就是分类聚类相结合的模式识别模式。

⑤ 网络不需要进行离线训练,而是采用边学习边工作的方式运行。

⑥ 网络应用基于检验规则的逻辑推理策略对样本模式的类别判断进行有效性检验,可有效防止对未知模式的错误分类。

⑦ 网络的模式类存储容量在理论上无限制。

⑧ 网络学习算法简单有效,不存在收敛问题,且算法中吸收了模糊集合理论,符合右脑的模式识别风格。

该类右脑模式识别模型与算法在烤烟烟叶智能分级课题中取得非常好的应用效果,具体情况将在第 8 章详细介绍。

5.3.3 联想记忆网络模型与算法

在各种联想记忆(Associative Memory,AM)网络模型中,最著名的是由 J. J. Hopfield 于 1982 年提出的单层反馈神经网络。该网络引入能量函数的概念。这一概念的提出对神经网络的研究具有重大意义,它使神经网络运行稳定性的判断有了可靠的依据。获得广泛应用的还有由 B. kosko 于 1988 年提出的双向联想记忆(Bidirectional Associative Memory,BAM)模型。BAM 模型考虑到人脑系统的多极双向信息传递特性,并基于网络的能量函数将联想过程描述为动态搜索能量函数极小点的过程,网络能量极小点即对应于联想模式。BAM 模型可实现双向异联想。

当用外积和设计联想记忆网络时,如果记忆模式都满足两两正交的条件,则规模为 n 维的网路最多可记忆 n 个模式。在一般情况下,模式样本不可能都满足两两正交的条件,对于非正交模式,网络的信息存储容量会大大降低。例如,DHNN 网络的所有记忆模式都存储在权矩阵 $\boldsymbol{W}$ 中,由于多个存储模式互相重叠,当需要记忆的模式数增加时,可能会出现所谓的“权值移动”和“交叉干扰”现象。事实上,当网络规模 n 一定时,要记忆的模式数越多,联想时出错的可能性越大;反之,要求的出错概率越低,网络的信息存储容量的上限越小。研究表明,存储模式数 P 超过 $0.15n$ 时,在联想时就有可能出错。错误结果对应的是能量的某个局部极小点,该点称为伪吸引子。

提高网络存储容量有两个基本途径:一是改进网络的拓扑结构;二是改进网络的权值设计方法。常用的改进方法有反复学习法、纠错学习法、移动兴奋门限法、伪逆技术、忘记规则和非线性学习规则等。本文提出一种基于类左、右脑模型协同工作的权值选择法,可显著提高网络的存储容量,大幅度降低联想出错率。

在综合考虑各类 AM 网络的性能后,采用 BAM 网络实现人工右脑模型的联想记忆功能。

1. 网络结构与原理

离散 BAM 网络的拓扑结构如图 5.8 所示。该网络是一种双层双向网络,当向其中一层加入输入信号时，另一层可得到输出。由于初始模式可以作用于网络的任一层，信息可以双向传播，因此没有明确的输入层或输出层，可将其中的一层称为 X 层，有 n 个神经元节点，另一层称为 Y 层，有 m 个神经元节点。两层的状态向量可取单极性二进制 0 或 1，也可以取双极性离散值 1 或 −1。如果令由 $\boldsymbol{X}$ 到 $\boldsymbol{Y}$ 的权矩阵为 $\boldsymbol{W}$，则由 $\boldsymbol{Y}$ 到 $\boldsymbol{X}$ 的权矩阵便是 $\boldsymbol{W}$ 的转置矩阵 $\boldsymbol{W}^{\mathrm{T}}$。

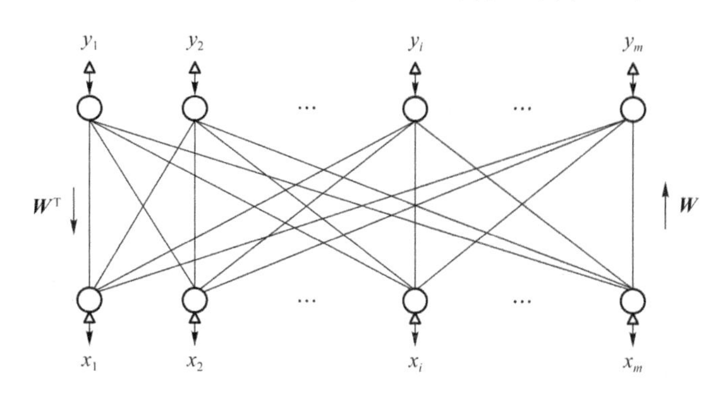

图 5.8　BAM 网络拓扑结构

BAM 网络实现双向异联想的过程是网络运行从动态到稳态的过程。对已建立权值矩阵的 BAM 网络，当将输入样本 $\boldsymbol{X}^P$ 作用于 X 层时，该层输出为

$$\boldsymbol{X}(1)=\boldsymbol{X}^P$$

该输出通过 $\boldsymbol{W}$ 矩阵加权传到 Y 层，通过该层节点的转移函数 f_y 进行非线性变换后得到输出：

$$\boldsymbol{Y}(1)=f_y(\boldsymbol{W}\boldsymbol{X}(1))$$

再将该输出通过 $\boldsymbol{W}^{\mathrm{T}}$ 矩阵加权从 Y 层传回 X 层作为输入，并通过 X 层节点的转移函数 f_x 进行非线性变换，从而得到输出：

$$\boldsymbol{X}(2)=f_x[\boldsymbol{W}^{\mathrm{T}}Y(1)]=f_x\{[\boldsymbol{W}^{\mathrm{T}}[f_y(\boldsymbol{W}\boldsymbol{X}(1)]\}$$

这种双向往返过程一直进行到两层所有神经元的状态均不再发生变化为止，此时的网络状态称为稳态，对应的 Y 层输出向量 $\boldsymbol{Y}^P$ 便是模式 $\boldsymbol{X}^P$ 经双向联想后所得的结果。同理，如果从 Y 层送入模式 $\boldsymbol{Y}^P$，经过上述双向联想过程后，X 层将输出联想结果 $\boldsymbol{X}$，从而有

$$\boldsymbol{X}(t+1)=f_x\{\boldsymbol{W}^{\mathrm{T}}f_y[\boldsymbol{W}\boldsymbol{X}(t)]\} \tag{5.5a}$$

$$\boldsymbol{Y}(t+1)=f_y\{\boldsymbol{W}^{\mathrm{T}}f_x[\boldsymbol{W}\boldsymbol{Y}(t)]\} \tag{5.5b}$$

对于经过充分训练的权值矩阵，当向 BAM 网络一层输入有残缺的已存储模式时，网络经过有限次运行后不仅能在另一层实现正确的异联想，还能在输入层重建完整的输入模式。

2. 网络的权值设计

对于离散 BAM 网络，一般选转移函数 $f(\cdot)=\mathrm{sgn}(\cdot)$。当网络只需存储一

对模式($\boldsymbol{X}^1$,$\boldsymbol{Y}^1$)时,若使其成为网络的稳定状态,应满足条件

$$\mathrm{sgn}(\boldsymbol{W}\boldsymbol{X}^1)=\boldsymbol{Y}^1 \tag{5.6a}$$

$$\mathrm{sgn}(\boldsymbol{W}^{\mathrm{T}}\boldsymbol{Y}^1)=\boldsymbol{X}^1 \tag{5.6b}$$

容易证明,若 $\boldsymbol{W}$ 是向量 $\boldsymbol{Y}^1$ 和 $\boldsymbol{X}^1$ 外积,即

$$\boldsymbol{W}=\boldsymbol{Y}^1\boldsymbol{X}^{1\mathrm{T}}$$

$$\boldsymbol{W}^{\mathrm{T}}=\boldsymbol{X}^1\boldsymbol{Y}^{1\mathrm{T}}$$

则式(5.6)的条件必然成立。

当需要存储 P 对模式时,将以上结论扩展为 P 对模式的外积和,从而得到由 Kosko 提出的权值学习公式:

$$\boldsymbol{W}=\sum_{p=1}^{P}\boldsymbol{Y}^p(\boldsymbol{X}^p)^{\mathrm{T}}=\sum_{p=1}^{P}\mathrm{W}^p \tag{5.7a}$$

$$\boldsymbol{W}^{\mathrm{T}}=\sum_{p=1}^{P}\boldsymbol{X}^p\ (\boldsymbol{Y}^p)^{\mathrm{T}}=\sum_{p=1}^{P}\ (\mathrm{W}^p)^{\mathrm{T}} \tag{5.7b}$$

用外积和法设计的权矩阵不能保证任意 P 对模式的全部正确联想。若将和式展开,则每对记忆模式 $\boldsymbol{Y}^p$ 和 $\boldsymbol{X}^p$,对应一个外积权矩阵 $\boldsymbol{W}^p$。若对不同的输入模式选择不同的 $\boldsymbol{W}^p$,则由每个 $\boldsymbol{W}^p$ 确定的 BAM 网络均具有很好的联想能力。接下来的问题是如何根据不同的输入模式选择合适的权矩阵 $\boldsymbol{W}^p$?

设 $\boldsymbol{U}$ 为 n 维输入模式空间,$\boldsymbol{V}$ 为 m 维输出模式空间,记忆模式 $\boldsymbol{X}^p(p=1,2,\cdots,P)$为空间 $\boldsymbol{U}$ 中的点,联想模式 $\boldsymbol{Y}^p(p=1,2,\cdots,P)$为空间 $\boldsymbol{V}$ 中的点。根据对应用系统的先验知识,可将空间 $\boldsymbol{U}$ 中的点 $\boldsymbol{X}$ 分为 P 个子空间,每个子空间包含一个记忆模式 $\boldsymbol{X}^p$。若无先验知识可循,根据空间 $\boldsymbol{U}$ 中点 $\boldsymbol{X}$ 与 $\boldsymbol{X}^p(p=1,2,\cdots,P)$的距离,可为每个记忆模式 $\boldsymbol{X}^p$ 定义一个吸引域 N^p。例如,对于取二值离散量的输入样本,可考虑 $\boldsymbol{X}$ 与各 $\boldsymbol{X}^p(p=1,2,\cdots,P)$的海明距离。若 $\boldsymbol{X}\in N^p$,则有

$$\min_{p\in\{1,2,\cdots,P\}}\ \mathrm{dH}(X\neg\ X^p)$$

类似地,对于取连续值的输入样本,可考虑 $\boldsymbol{X}$ 与 $\boldsymbol{X}^p(p=1,2,\cdots,P)$的欧氏距离。

P 个 N^p 将 U 划分为 P 个子空间,网络工作时需对当前输入模式属于哪个子空间进行判断,从而为其分配一个对应的权矩阵 $\boldsymbol{W}^p$。图 5.9 给出该联想记忆模型的实现方案。

若 Y 层为网络的输入层,则权矩阵的设计和选择方法同上。

由于该方法设计权矩阵时避免了对外积求和,因而不会出现所谓的“权值移动”和“交叉干扰”现象,可大幅度降低联想出错率,且网络的存储容量不受网络规模的限制。

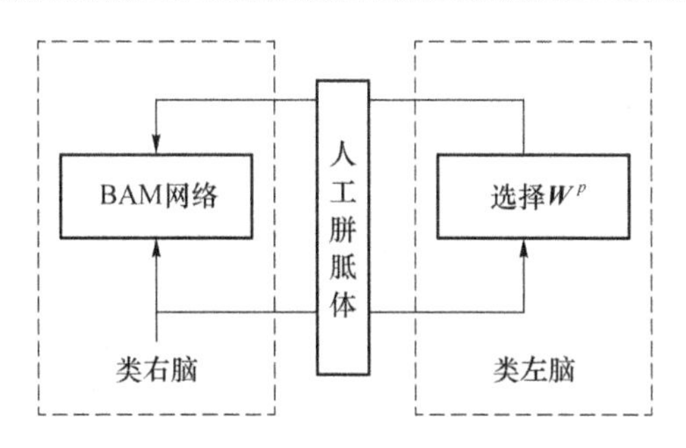

图 5.9　联想记忆模型

5.4　类左脑模型及技术实现

智能系统处理问题时涉及的知识往往具有模糊性，因此类左脑模型采用的推理是基于模糊逻辑的推理。推理机所基于的知识获取途径主要采用两类具有大脑风格的方法：一种是通过神经网络的学习功能获取隐性知识，这类知识由类右脑模型输出并通过多库协同机制存入综合信息库中的知识库；另一类是用模糊"if… then…"规则表示通过人机交互获取的经验性知识，这类知识由类左脑模型通过智能人机接口获得并通过多库协同机制存入综合信息库中的知识库。

对于特定的智能信息处理任务，类左脑模型可由模糊专家系统实现，图 5.10 给出一个通用的模糊专家系统的组成结构。其中，知识库与数据区模块是综合信息库中知识库的组成部分，数据区模块保存的内容既包括数值型数据，又包括以"语法-语义-语用"全信息形式表达的概念数据；知识获取模块综合了左、右脑各自擅长的知识获取技能。

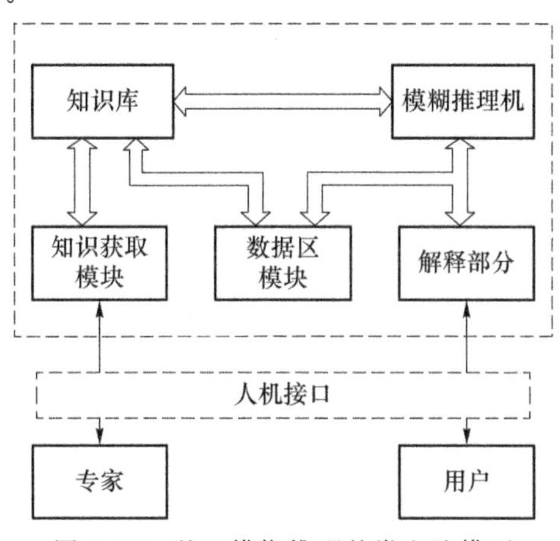

图 5.10　基于模糊推理的类左脑模型

5.4.1 知识表示模型

思维中枢知识库中的知识主要采用两类表示方法。类右脑模型获取知识采用隐性表示方法，一般可用神经网络的权值矩阵表示；类左脑模型获取知识采用显性表示方法，由具有类脑特点的模糊规则表示，这些模糊规则的集合就构成了规则库。

1. 基于因素空间的知识表示模型——知识的显式表示

知识的显式表示方法有很多，如谓词逻辑法、语义网络法、状态空间法、框架表示法，等等。但更具大脑风格的表示法当属汪培庄教授提出的因素空间表示法。因素空间方法将因果性放在知识表示的核心位置，且能用统一而简单的方式对各种常见的知识表示方法进行描述。所谓因素，指的是因果分析的要素；所谓因果，指的是概念的形成过程以及事物的规律。汪培庄教授认为，用数学表达人类的理性智能活动包括 4 个方面：

(1) 对比事物，区分对象；

(2) 划分类别，生成概念；

(3) 因果归纳，进行推理；

(4) 因素显隐，问题求解。一旦给定了因素，智能活动的刻画便极其简单。

事实上，因素空间表示法的观点与全信息观点是高度契合的。若用“语法-语义-语用”全信息观点解读这 4 个方面，可以将理性智能活动重新描述为如下 4 个方面：

(1) 获得语法信息(对比事物，区分对象)；

(2) 获得语用信息(划分类别)，并根据语法和语用信息生成语义信息(生成概念)；

(3) 进行逻辑推理(因果归纳，进行推理)；

(4) 生成求解问题的智能策略(因素显隐，问题求解)。

模糊规则为类自然语言的模糊条件语句，非常适合用于表示人脑柔性逻辑思维中所具有的模糊性、不确定性和抽象性的概念和推理过程。

知识的显式表示模型是一种模糊产生式系统，包含下述 3 个基本组成部分。

(1) 规则库

模型的库中存放了若干规则，每条产生式规则是一个以“如果满足这个条件，就应当采取这个操作”形式表示的语句。规则的一般形式为

$$\text{if} \quad a \quad \text{then} \quad b$$

其中条件部分 a 和操作部分 b 均采用对语言变量赋以语言值的模糊直言语句，两部分共同构成一个模糊条件语句。为了进行模糊推理，需根据每个模糊条件语句

计算其对应的模糊关系矩阵，因此知识库中知识的显式表示（模糊关系矩阵）和隐式表示（网络权值矩阵）具有同样的数据结构。

（2）数据区

模型的数据区是模糊产生式规则注意的中心，每个模糊规则的左边表示在启用这一规则之前数据库内必须准备好的语言变量的语言值，这些语言值均为由隶属度函数描述的模糊集合。执行产生式规则的操作会引起数据库的变化，这就使得其他产生式规则的条件可能被满足。

（3）控制器

控制器的作用是说明如何运用规则。从选择规则到执行规则的过程分成 3 步：匹配、冲突解决和操作。匹配指把数据库和规则的条件部分相匹配。如果两者完全匹配，则把这条规则称为触发规则。当按规则的操作部分去执行时，则把这条规则称为被启用规则。被触发的规则不一定总是被启用的规则，因为可能同时有几条规则的条件部分被满足。当有一个以上的规则条件部分和当前数据库相匹配时，就需要决定首先使用哪一个规则，这称为冲突解决。操作即执行规则的操作部分，经过操作后，当前数据库将被修改，于是其他规则有可能被使用。

2. 基于神经网络的知识表示模型——知识的隐式表示

具有异联想功能的神经网络可以将任意的输入向量集通过线性或非线性映射变换为输出向量集。这种变换确定了输入模式（条件）和输出模式（操作）之间的对应关系，而这种对应关系正是条件-操作数据对之间蕴含的规则。

AM 网络的运行方式可分为两类。

① 映射式

构造一定的映射使输入直接映射为所需的输出。例如，感知器、多层前馈网、最优线性 AM 网络等均属于此类。这类运行方式的优点是可用一定方法训练网络，现有的大多数神经网络学习算法均属此类。

② 演化式

若将规则的条件向量设为网络的初态，网络按一定的动力学规律演化，其稳态即规则的操作向量。基于 Hopfield 网络的 AM 网络即属于此类，这类网络利用能量函数的局域吸引自存储操作模式。

AM 网络通过适当的训练获取输入、输出样本对中蕴含的知识，并将这种知识存储在网络的权值矩阵中。对于模糊产生式系统，一个模糊关系矩阵只能表示一条模糊规则；而对于神经网络，一个网络的权值矩阵可以同时表示多条模糊规则。

由于神经网络具有很强的泛化能力，因此对未训练过的规则也能较好地识别。此外，神经网络既可以进行条件与操作的线性变换，又可以进行非线性变换。

5.4.2 模糊推理机

根据不同的应用对象,模糊推理机可采用以下两种技术。

1. 基于模糊关系的模糊推理

模糊推理的基础是模糊逻辑,即以模糊判断为前提,运用模糊语言规则,推出一个新的近似的模糊判断结论。这种结论与人的思维一致或相近。

(1) 近似推理理论

模糊集合理论的创始人 L. A. Zadeh 提出以下近似推理理论:设 $\tilde{\boldsymbol{A}}$ 和 $\tilde{\boldsymbol{B}}$ 分别为论域 X 和 Y 上的模糊集合,它们的隶属函数分别为 $\tilde{\boldsymbol{A}}(x)$ 及 $\tilde{\boldsymbol{B}}(y)$,模糊推理句"若 $\tilde{\boldsymbol{A}}$ 则 $\tilde{\boldsymbol{B}}$"可表示为从 X 到 Y 的一个模糊关系 $\boldsymbol{R}_{\tilde{A}\sim\tilde{B}}$,其隶属度如下:

$$\tilde{\boldsymbol{R}}_{\tilde{A}\to\tilde{B}}(x,y)=[\tilde{\boldsymbol{A}}(x)\wedge\tilde{\boldsymbol{B}}(y)]\vee[1-\tilde{\boldsymbol{A}}(x)] \tag{5.8}$$

当把模糊关系用模糊关系矩阵 $\tilde{\boldsymbol{R}}_{\tilde{A}\to\tilde{B}}$ 表示,模糊集合 $\tilde{\boldsymbol{A}}$ 和 $\tilde{\boldsymbol{B}}$ 用向量表示时,则有:

$$\tilde{\boldsymbol{R}}_{\tilde{A}\to\tilde{B}}=[\tilde{\boldsymbol{A}}\times\tilde{\boldsymbol{B}}]\cup[\tilde{\boldsymbol{A}}\times\boldsymbol{E}] \tag{5.9}$$

其中 $\boldsymbol{E}$ 为代表全域的全称矩阵,其全部元素均为 1。

近似推理理论的推理规则为

大前提: 若 $\tilde{\boldsymbol{A}}$ 则 $\tilde{\boldsymbol{B}}$;

小前提: 如今 $\tilde{\boldsymbol{A}}_1$;

结 论: $\tilde{\boldsymbol{B}}_1=\tilde{\boldsymbol{A}}_1\circ\tilde{\boldsymbol{R}}_{\tilde{A}\to\tilde{B}}$

其中

$$\tilde{\boldsymbol{B}}_1=\tilde{\boldsymbol{A}}_1\circ\tilde{\boldsymbol{R}}_{\tilde{A}\to\tilde{B}} \tag{5.10}$$

为推理合成规则。上述推理过程可理解为一个模糊变换器,当输入一个模糊集合 $\tilde{\boldsymbol{A}}_1$ 时,经过模糊变换器 $\tilde{\boldsymbol{R}}_{\tilde{A}\to\tilde{B}}$ 后,输出 $\tilde{\boldsymbol{A}}_1\circ\tilde{\boldsymbol{R}}_{\tilde{A}\to\tilde{B}}$。由模糊推理得到的结论与人脑的思维相吻合。

(2) 模糊条件推理的六种类型

① "if $\tilde{\boldsymbol{A}}$ then $\tilde{\boldsymbol{B}}$ else $\tilde{\boldsymbol{C}}$"的模糊条件推理

$\tilde{\boldsymbol{A}}$ 是论域 X 上的模糊集合,$\tilde{\boldsymbol{B}}$ 和 $\tilde{\boldsymbol{C}}$ 是论域 Y 上的模糊集合,则条件语句可表示为$(\tilde{\boldsymbol{A}}\to\tilde{\boldsymbol{B}})\cup(\tilde{\boldsymbol{A}}\to\tilde{\boldsymbol{C}})$。它是 $X\times Y$ 上的一个模糊关系 $\boldsymbol{R}$

$$\tilde{\boldsymbol{R}}=[\tilde{\boldsymbol{A}}\times\tilde{\boldsymbol{B}}]\cup[\overline{\tilde{\boldsymbol{A}}}\times\tilde{\boldsymbol{C}}] \tag{5.11}$$

$\tilde{\boldsymbol{R}}$ 的隶属度可用式(5.12)计算：

$$\tilde{\boldsymbol{R}}(x,y)=[\tilde{\boldsymbol{A}}(x)\wedge\tilde{\boldsymbol{B}}(y)]\vee[(1-\tilde{\boldsymbol{A}}(x))\wedge\tilde{\boldsymbol{C}}(y)] \tag{5.12}$$

根据推理合成规则，若 $\tilde{\boldsymbol{A}}_1$ 是论域 X 上的模糊集合，$\tilde{\boldsymbol{R}}$ 是论域 $X\times Y$ 上的一个模糊关系，则由 $\tilde{\boldsymbol{A}}_1$ 和 $\tilde{\boldsymbol{R}}$ 可合成模糊集合 $\tilde{\boldsymbol{B}}_1$：

$$\tilde{\boldsymbol{B}}_1=\tilde{\boldsymbol{A}}_1\circ\tilde{\boldsymbol{R}} \tag{5.13}$$

② “if $\tilde{\boldsymbol{A}}$ and $\tilde{\boldsymbol{B}}$ then $\tilde{\boldsymbol{C}}$”的模糊条件推理

设 $\tilde{\boldsymbol{A}}$、$\tilde{\boldsymbol{B}}$、$\tilde{\boldsymbol{C}}$ 分别是论域 X、Y、Z 上的模糊集合，上述模糊条件语句所决定的模糊关系为

$$\tilde{\boldsymbol{R}}=[\tilde{\boldsymbol{A}}\times\tilde{\boldsymbol{B}}]^{\mathrm{T}}\times\tilde{\boldsymbol{C}} \tag{5.14}$$

其中，$[\tilde{\boldsymbol{A}}\times\tilde{\boldsymbol{B}}]^{\mathrm{T}_1}$ 为由矩阵$(\tilde{\boldsymbol{A}}\times\tilde{\boldsymbol{B}})_{n\times m}$构成的 $n\times m$ 维列向量。对于这种推理规则，其推理形式为“如果 $\tilde{\boldsymbol{A}}$ 且 $\tilde{\boldsymbol{B}}$，则 $\tilde{\boldsymbol{C}}$；现在 $\tilde{\boldsymbol{A}}_1$ 且 $\tilde{\boldsymbol{B}}_1$；结论：则 $\tilde{\boldsymbol{C}}_1$”。根据推理合成规则：

$$\tilde{\boldsymbol{C}}_1=[\tilde{\boldsymbol{A}}_1\times\tilde{\boldsymbol{B}}_1]^{\mathrm{T}}\circ\tilde{\boldsymbol{R}} \tag{5.15}$$

其中，$[\tilde{\boldsymbol{A}}_1\times\tilde{\boldsymbol{B}}_1]^{\mathrm{T}}$ 为由矩阵$(\tilde{\boldsymbol{A}}_1\times\tilde{\boldsymbol{B}}_1)_{n\times m}$构成的 $n\times m$ 维行向量。

③ “if $\tilde{\boldsymbol{A}}$ and $\tilde{\boldsymbol{B}}$ then $\tilde{\boldsymbol{C}}$ else $\tilde{\boldsymbol{D}}$”的模糊条件推理

设 $\tilde{\boldsymbol{A}}$、$\tilde{\boldsymbol{B}}$、$\tilde{\boldsymbol{C}}$ 和 $\tilde{\boldsymbol{D}}$ 分别是论域 X、Y、Z 和 W 上的模糊集合，则上述模糊条件语句所决定的三元模糊关系为 $\tilde{\boldsymbol{R}}$：

$$\tilde{\boldsymbol{R}}=[[\tilde{\boldsymbol{A}}\times\tilde{\boldsymbol{B}}]^{\mathrm{T}}\times\tilde{\boldsymbol{C}}]\cup[\overline{[\tilde{\boldsymbol{A}}\times\tilde{\boldsymbol{B}}]^{\mathrm{T}}}\times\tilde{\boldsymbol{D}}] \tag{5.16}$$

则

$$\tilde{\boldsymbol{C}}_1=[\tilde{\boldsymbol{A}}_1\times\tilde{\boldsymbol{B}}_1]^{\mathrm{T}}\circ\tilde{\boldsymbol{R}} \tag{5.17}$$

④ “if $\tilde{\boldsymbol{A}}$ and $\tilde{\boldsymbol{B}}$ and $\tilde{\boldsymbol{C}}$ then $\tilde{\boldsymbol{D}}$”的模糊条件推理

设 $\tilde{\boldsymbol{A}}$、$\tilde{\boldsymbol{B}}$、$\tilde{\boldsymbol{C}}$ 和 $\tilde{\boldsymbol{D}}$ 分别是论域 X、Y、Z 和 W 上的模糊集合，则上述模糊条件语句所决定的是一个三输入单输出的四元模糊关系 $\tilde{\boldsymbol{R}}$：

$$\tilde{\boldsymbol{R}}=[\tilde{\boldsymbol{A}}\times\tilde{\boldsymbol{B}}\times\tilde{\boldsymbol{C}}]^{\mathrm{T}}\times\tilde{\boldsymbol{D}} \tag{5.18}$$

则

$$\tilde{\boldsymbol{D}}_1=[\tilde{\boldsymbol{A}}_1\times\tilde{\boldsymbol{B}}_1\times\tilde{\boldsymbol{C}}_1]^{\mathrm{T}}\circ\tilde{\boldsymbol{R}} \tag{5.19}$$

⑤ “if $\tilde{\boldsymbol{A}}$ or $\tilde{\boldsymbol{B}}$ then $\tilde{\boldsymbol{C}}$ or $\tilde{\boldsymbol{D}}$”的模糊条件推理

设 $\tilde{\boldsymbol{A}}$ 和 $\tilde{\boldsymbol{B}}$ 是论域 X 上的模糊集合，$\tilde{\boldsymbol{C}}$ 和 $\tilde{\boldsymbol{D}}$ 分别是论域 Y 上的模糊集合，则上述模糊条件语句所决定的是 $X\times Y$ 论域上的二元模糊关系 $\tilde{\boldsymbol{R}}$：

$$\tilde{\boldsymbol{R}} = [(\tilde{\boldsymbol{A}} \cup \tilde{\boldsymbol{B}}) \times (\tilde{\boldsymbol{C}} \cup \tilde{\boldsymbol{D}})] \cup [\overline{(\tilde{\boldsymbol{A}} \cup \tilde{\boldsymbol{B}})} \times \boldsymbol{E}] \tag{5.20}$$

则

$$\tilde{\boldsymbol{C}}_1 = \tilde{\boldsymbol{A}}_1 \circ \tilde{\boldsymbol{R}} \tag{5.21}$$

⑥ 模糊条件语句“if $\tilde{\boldsymbol{A}}$ and $\tilde{\boldsymbol{B}}$ then $\tilde{\boldsymbol{C}}$ and $\tilde{\boldsymbol{D}}$”

这相当于“if $\tilde{\boldsymbol{A}}$ and $\tilde{\boldsymbol{B}}$ then $\tilde{\boldsymbol{C}}$”和“if $\tilde{\boldsymbol{A}}$ and $\tilde{\boldsymbol{B}}$ then $\tilde{\boldsymbol{D}}$”两套策略，分别对应于：

$$\tilde{\boldsymbol{R}}_1 = [\tilde{\boldsymbol{A}} \times \tilde{\boldsymbol{B}}]^{\mathrm{T}} \times \tilde{\boldsymbol{C}}, \quad \tilde{\boldsymbol{C}}_1 = [\tilde{\boldsymbol{A}}_1 \times \tilde{\boldsymbol{B}}_1]^{\mathrm{T}} \circ \tilde{\boldsymbol{R}}_1 \tag{5.22}$$

$$\tilde{\boldsymbol{R}}_2 = [\tilde{\boldsymbol{A}} \times \tilde{\boldsymbol{B}}]^{\mathrm{T}} \times \tilde{\boldsymbol{D}}, \quad \tilde{\boldsymbol{C}}_2 = [\tilde{\boldsymbol{A}}_1 \times \tilde{\boldsymbol{B}}_1]^{\mathrm{T}} \circ \tilde{\boldsymbol{R}}_2 \tag{5.23}$$

2. 基于神经网络的模糊推理

1987 年，Kosko 提出一种模糊 BAM 模型，该模型通过模糊 Hebb 规则的学习，可存储任意模糊空间模式对$(\boldsymbol{A}_k, \boldsymbol{B}_k)$。用模糊集合表达的第 k 个模式对为

$$\boldsymbol{A}_k = (a_1^k, \cdots, a_n^k)^{\mathrm{T}}$$

$$\boldsymbol{B}_k = (b_1^k, \cdots, b_m^k)^{\mathrm{T}}$$

模式对$(\boldsymbol{A}_k, \boldsymbol{B}_k)$代表了第 k 条推理依据，它是模糊产生式规则“if X is $\boldsymbol{A}_k$ then Y is $\boldsymbol{B}_k$”的简写形式，其数学形式为

$$\boldsymbol{F}_k = \boldsymbol{A} \circ \boldsymbol{B}^{\mathrm{T}} = \min(\mu_A(a_i^k), \mu_b(b_j^k)) \tag{5.24}$$

其中 $\mu_A(a_i^k)$是模糊集合 $\boldsymbol{A}$ 中第 i 个元素的隶属度，$\mu_b(b_j^k)$是模糊集合 $\boldsymbol{B}$ 中第 j 个元素的隶属度，$\boldsymbol{F}_k$ 是一个 $n \times m$ 的模糊矩阵。

每一个模糊 BAM 网络表示一个模糊规则，并通过训练得到一个模糊矩阵 $\boldsymbol{F}_k$。m 个模糊 BAM 网络对应了 m 个模糊矩阵，独立存放于图 5.11 所示的推理机中。

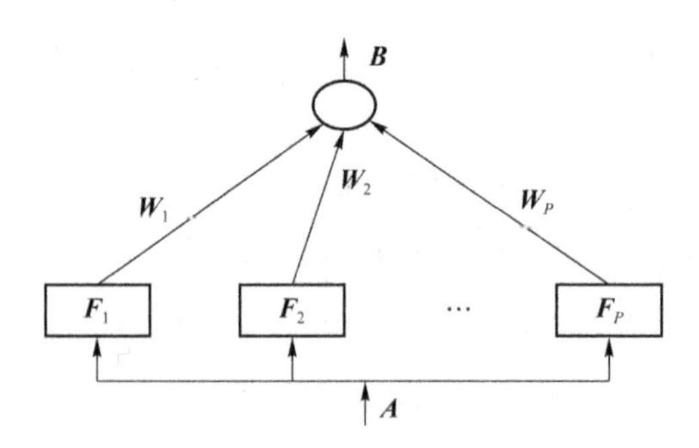

图 5.11 基于神经网络的推理机

当推理机输入用模糊集合表示的条件 $\boldsymbol{A}$ 时，各模糊 BAM 网络根据各自存储的规则 $\boldsymbol{F}_i$ 同时输出各自的结论 $\boldsymbol{B}_i'$：

$$\boldsymbol{B}_i' = \boldsymbol{A} \circ \boldsymbol{F}_i, \quad i = 1, 2, \cdots, P \tag{5.25}$$

P 个网络产生了 P 个子结论，推理机的输出层节点对各子结论进行加权求和，从而得到对应于输入 $\boldsymbol{A}$ 的操作结论 $\boldsymbol{B}$：

$$\boldsymbol{B}=W_1\boldsymbol{B}'_1+W_2\boldsymbol{B}'_2+\cdots+W_P\boldsymbol{B}'_P \tag{5.26}$$

其中权值 W_i 满足

$$\sum_{i=1}^{P}W_i=1$$

其中 W_i 代表了第 k 条规则在推理中的贡献。

本章小结

本章在分析思维中枢生物原型的两个重要特点的基础上，分别提出了思维中枢中类右脑模型和类左脑模型的建模方案。

类右脑模型具有模式识别和联想记忆等形象思维功能。其中模式识别功能的实现方案采用了神经网络、逻辑推理和模糊集运算相结合的技术，使网络具有分类与聚类功能兼具、学习与工作模式相容、模式类存储容量不限等特点，从而体现了人脑模式识别的风格。联想记忆功能的实现方案采用了双向联想记忆网络，并提出一种权矩阵的选择思路，设计权矩阵时避免了对外积求和，因而不会出现"权值移动"和"交叉干扰"现象，可大幅度降低联想出错率，且网络的存储容量不受网络规模的限制。

类左脑模型具有符号处理与逻辑推理等逻辑思维功能。推理机所基于的知识获取途径主要采用两类具有大脑风格的方法：一类是通过神经网络的学习功能获取隐性知识；另一类是用模糊规则表示通过人机交互获取的经验性知识。模糊推理机采用了两种实现方案：一种是基于模糊关系的模糊推理；另一种是基于神经网络的模糊推理。

本章参考文献

[1]　张静如. 脑的高级功能和脑电图[EB/OL]. http:/www. bioon. com/bioline/neurosci/highlevel. htm.

[2]　陈宜张，等. 脑的奥秘[M]. 北京：清华大学出版社，2002.

[3]　小林繁，等. 脑和神经的奥秘[M]. 孙晖，等译. 北京：科学出版社，2000.

[4]　涂序彦，等. 智能管理[M]. 北京：清华大学出版社，1997.

[5]　周贤伟，马忠贵，涂序彦. 智能通信[M]. 北京：国防工业出版社，2009.

[6]　Hagan M T，Demuth H B，Beale M H. Neural network design[M]. [S. l.]: PWS Publishing Company of Thomson Learning，1996.

[7] Haykin S. Neural networks: a comprehensive foundation[M]. 2nd ed. [S. l.]: Prenticc-Hall, Inc. , 1999.
[8] Mitchell T M. Machines Learning[M]. [S. l.]: McGraw-Hill Companies, Inc. , 1997.
[9] Duda R O, Hart P E, Stork D G. Pattern classification[M]. 2nd ed. [S. l.]: John Wiley & Sons, Inc. , 2001.
[10] 阎平凡,张长水. 人工神经网络与模拟进化计算[M]. 北京:清华大学出版社,2000.
[11] 韩力群. 人工神经网络理论设计及应用[M]. 北京:化学工业出版社,2007.
[12] 黄德双. 神经网络模式识别系统理论[M]. 北京:电子工业出版社,1996.
[13] Zurada J M. Introduction to artificial neural systems[M]. [S. l.]: West Publishing Company, 1992.
[14] Kung S Y. Digital neural networks[M]. [S. l.]: PTR Prentice Hall, 1993.
[15] Haykin S. Neural networks[M]. [S. l.]: MC Publishing co. , 1994.
[16] 杨国为,涂序彦. 广义人工脑感知联想记忆模型及其实现算法[J]. 中国医学影象技术,2003,19(204):70-71.
[17] Zhang B L, Zheng X B, K Wong C P. Stability and attractivity analysis of Bidirectional associative memory form the match-filtering viewpoint[C]// IEEE International Joint Conference on Neural Networks. [S. l.]: IEEE, 1991: 2277-2281.
[18] Hu G Q, K Wong C P, Xu Z B, Two iterative encoding schemes for bidirectional associative memory[C]//Proceedings of ICSIPNN'94. Hong Kong: IEEE, 1994: 93-96.
[19] 王耀南. 智能控制系统——模糊逻辑·专家系统·神经网络控制[M]. 长沙:湖南大学出版社,1996.
[20] 汪培庄,刘海涛. 因素空间与人工智能[M]. 北京:北京邮电大学出版社,2021.
[21] 孙增圻,等. 智能控制理论与技术[M]. 北京:清华大学出版社,1998.
[22] Schreiber G, et al. Knowledge engineering and management[M]. [S. l.]: Massachusetts Instetute of Technology, 2000.
[23] Nilsson N J. Artificial intelligence a new synthesis[M]. [S. l.]: Morgan Kaufmann Publishers, Inc. , 1998.
[24] 韩力群. 智能控制理论及应用[M]. 北京:机械工业出版社,2008.

第6章　行为中枢的类脑模型研究

在人体神经系统中，控制运动和姿势的各神经结构称为运动神经系统，包括运动中枢和外周神经系统。如果说感觉神经系统是外部世界信息进入神经系统的门户，那么运动神经系统就是神经系统中最直接作用于外部世界的效应器。三中枢自协调类脑模型中的行为中枢是对负责人体运动调控的运动中枢系统的简化、抽象和模拟。本章研究了三中枢自协调类脑模型的行为中枢模型，在对人体运动调控系统进行分析的基础上，对其调控功能进行了简化、抽象和模拟，提出了简化的行为中枢调控模型，并对其实现技术进行了讨论。

6.1　运动神经系统的调控功能

运动神经系统由三级等级递阶结构和两个辅助监控系统组成。三级等级结构从低级至高级分别是脊髓、脑干和大脑皮层；两个辅助监控系统以小脑和端脑基底神经节核群(基底核)为核心。这些与运动调控有关的脑区形成相互联系的回路，对运动和姿势的各种信息进行加工，图6.1给出运动神经系统三级等级结构之间的相互关系。

(1) 运动的脊髓调控

脊髓是运动调控的最低水平结构。脊髓内有中介各种反射的神经元网络，由感觉神经元传入纤维、各类中间神经元和运动神经元组成。脊髓和高级中枢的联系被切断后仍能产生多种反射。绝大部分来自外周神经系统的感觉传入信息和下行控制指令首先达到中间神经元，经过中间神经元的整合后再影响运动神经元。无论是简单的还是复杂的反射，最终都会汇聚到运动神经元，用Sherington的话来说，这些运动神经元是神经系统的“最后公路”(final common pathway)。

(2) 运动的脑干调控

脑干是运动控制的第二中枢，所有运动控制下行通路除皮层脊髓束以外都起源于脑干，脑干也是控制眼肌运动的主要中枢。

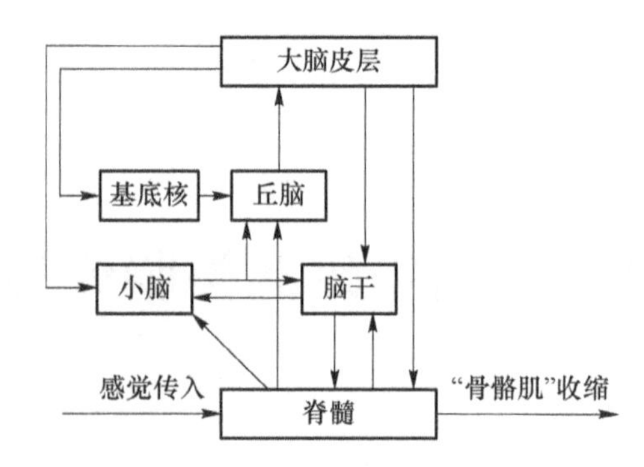

图 6.1 运动神经系统三级等级结构之间的相互关系

(3) 运动的大脑皮层调控

大脑皮层中与运动有关的脑区包括初级运动区、运动前区和辅助运动区。每个区通过皮层脊髓束直接投射至脊髓,同时通过脑干运动系统间接投射至脊髓。大脑皮层的几个运动区之间有密切联系。

在初级运动区形成图 6.2 所示的躯体定位模式,身体不同部位皮层代表区的范围大小与各部位形体大小无关,而是取决于运动的精细和复杂程度,如拇指代表区的面积几乎是大腿代表区的 10 倍。

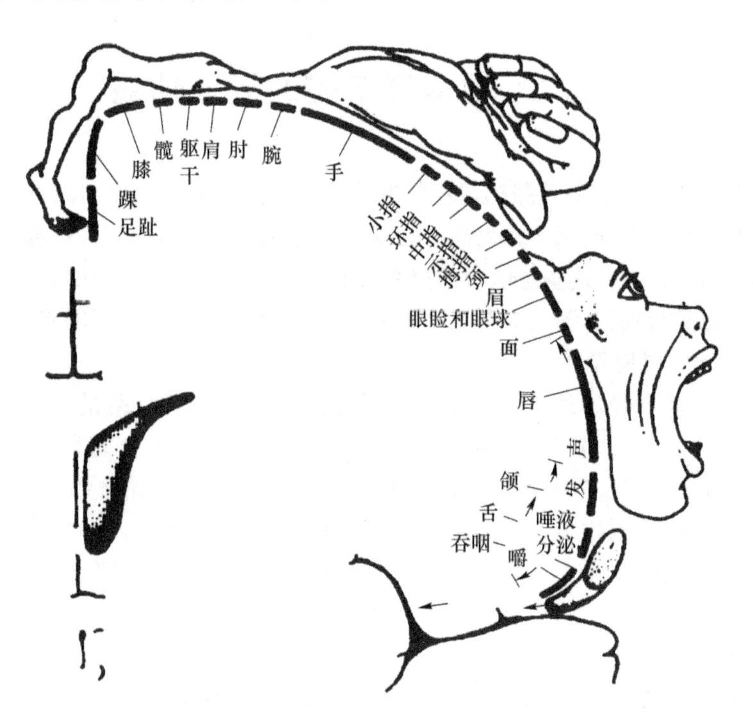

图 6.2 初级运动区的躯体定位模式

(4) 运动的小脑与基底核调控

运动的目的必须要有精细的调控才能实现，因此要求神经回路能向运动皮层提供关于运动者的外部世界状态的高度整合信号。小脑和基底核正是提供这种信息的主要源泉，其对运动调控的目的是使机体所进行的随意运动的计划、发动、协调、引导和中止都执行得恰到好处。

如图 6.1 所示，小脑和基底核与其他脑区连接，从皮层的感觉区、运动区、联合区等获得与运动有关的环境、状态等复杂的感觉信息，并对这些信息进行加工和整合，然后把信息传送至丘脑，丘脑又把信息传回皮层的运动区和运动前区，影响皮层对随意运动的控制。小脑和基底核在运动调控方面的功能区别：基底核在运动的计划、发动、中止，特别是与认知有关的复杂运动的调制中起作用；而小脑则对正在实施的运动的平稳执行和完成，特别是由视觉引导的运动的调制有重要意义。

6.2　行为中枢的模型研究

根据对运动神经系统的分析，人类肌体的运动神经系统是由一个三级递阶结构和一个调控模块组成的控制系统，其结构、机制及功能对复杂控制系统的精细调控具有很好的启发和借鉴意义。三中枢自协调类脑模型中的行为中枢即借鉴了这种方案，用以调控应用系统的行为动作。

考虑到基底核与小脑的功能类似，而丘脑在信息传递中主要起中继作用，可以对图 6.1 进行适当的简化，从而得到基于运动神经系统简化模型的行为中枢模型，如图 6.3 所示。图中，对系统行为的三级调控从低级至高级分别对应于脊髓、脑干和大脑皮层的调控功能(其中最高一级的调控功能归于思维中枢模型)；一个调控模块对应于小脑的运动调控功能，而大脑皮层的调控功能则归由思维中枢。小脑模型作为一种比较器，可将思维中枢模型发出的控制指令与实际执行的运动本身进行比较。此外，各级调控结构在发出下行运动控制指令的同时，也将此传出指令传入小脑，小脑经过分析后再反馈给大脑皮层，此为内反馈机制；小脑模型还接收有关系统行为动作执行情况的信息(类似于人体系统中运动产生的本体感觉信息)，此为外反馈机制。在接收内、外反馈信息之后，经小脑的传出联系后信息到达各级下行运动通路，从而实现对系统的行为或动作进行协调、修正和补偿的调控作用。

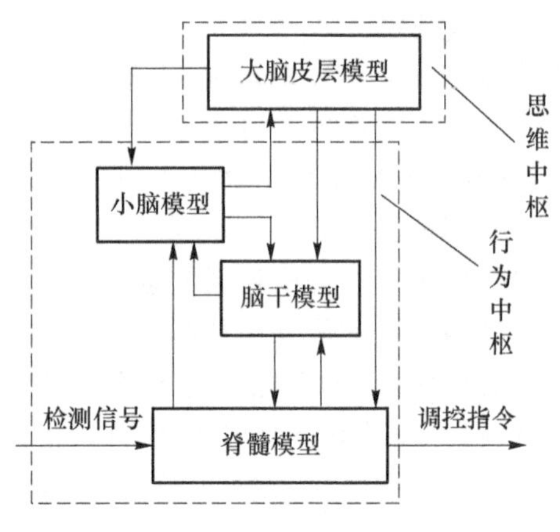

图 6.3　行为中枢的调控模型

6.3　行为中枢的实现技术

在行为中枢模型的各调控模块中，小脑模型作为运动的协调中枢虽然不直接对系统进行控制，但对其信息整合的能力要求较高，其功能实现涉及许多复杂的智能算法，可由信息处理能力较强的上位机实现应用系统。脑干模型负责对各种运动命令进行整合，信息处理能力次于小脑模型，可由各类嵌入式系统实现。脊髓模型主要负责对输入检测信号和输出控制信号的传导，此外其本身还可作为快速反应的局部控制器完成类似于肌体反射活动的控制动作，可由应用系统内部具有基地式测控特点的组件实现，图 6.4 给出行为中枢的实现方案。

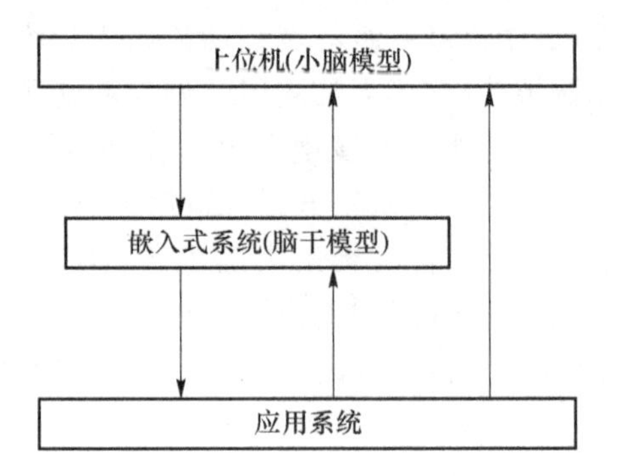

图 6.4　行为中枢的实现方案

6.3.1　基于神经网络的小脑模型

1975 年,J. S. Albus 提出一种模拟小脑功能的神经网络模型,称为 Cerebellar Model Articulation Controller,简称 CMAC。CMAC 网络是仿照小脑指挥运动的原理而建立的神经网络模型。CMAC 网络有 3 个特点:其一是,作为一种具有联想功能的神经网络,它的联想具有局部推广(或称泛化)能力,因此相似的输入将产生相似的输出,远离的输入将产生独立的输出;其二是,对于网络的每一输出,只有很少的神经元所对应的权值对其有影响,哪些神经元对输出有影响则由输入决定;其三是,CMAC 网络的每个神经元的输入、输出是一种线性关系,但其总体上可看作一种表达非线性映射的表格系统。由于 CMAC 网络的学习只在线性映射部分,因此可采用简单的 δ 算法,其收敛速度比 BP 算法快得多,且不存在局部极小问题。CMAC 网络最初主要用来求解机械手的关节运动问题,其后进一步用于机器人控制、模式识别、信号处理以及自适应控制等领域。

1. CMAC 网络的结构

简单的 CMAC 网络结构如图 6.5 所示,图中 $\boldsymbol{X}$ 表示 n 维输入状态空间,$\boldsymbol{A}$ 为具有 m 个单元的存储区(亦称为相联空间或概念记忆空间)。设 CMAC 网络的输入向量用 n 维输入状态空间 $\boldsymbol{X}$ 中的点 $\boldsymbol{X}^p=(x_1^p,x_2^p,...,x_n^p)^{\mathrm{T}}$ 表示,对应的输出向量用 $\boldsymbol{y}^p=F(x_1^p,x_2^p,...,x_n^p)$表示,图中 $p=1,2,3$。输入空间的一个点 $\boldsymbol{X}^p$ 将同时激活 $\boldsymbol{A}$ 中的 C 个元素(图 6.5 中 $C=4$),使其同时为 1,而其他大多数元素为 0,网络的输出 $\boldsymbol{y}^p$ 即 $\boldsymbol{A}$ 中 4 个被激活单元对应的权值累加和。C 值与泛化能力有关,称为泛化参数,也可以将其看作信号检测单元的感受野大小。

一般来说,实际应用时输入向量的各分量来自不同的传感器,其值多为模拟量,而 $\boldsymbol{A}$ 中每个元素只取 0 或 1 两种值。为使 $\boldsymbol{X}$ 空间的点映射为 $\boldsymbol{A}$ 空间的离散点,必须先将模拟量 $\boldsymbol{X}^p$ 量化,使其成为输入状态空间的离散点。设输入向量 $\boldsymbol{X}$ 的每一分量可量化为 q 个等级,则 n 个分量可组合为输入状态空间中 q^n 种可能的状态 $\boldsymbol{X}^p$,$p=1,2,\cdots,q^n$。其中每一个状态 $\boldsymbol{X}^p$ 都要映射为 $\boldsymbol{A}$ 空间存储区的一个集合 A^p,A^p 中的 C 个元素均为 1。从图 6.5 可以看出,在 $\boldsymbol{X}$ 空间接近的样本 $\boldsymbol{X}^2$ 和 $\boldsymbol{X}^3$ 在 $\boldsymbol{A}$ 中的映射 A^2 和 A^3 出现了交集 $A^2\cap A^3$,即它们对应的 4 个权值中有两个是相同的,因此由权值累加和计算的两个输出也较接近,从函数映射的角度看,这一特点可起到泛化的作用。显然,相距很远的样本 $\boldsymbol{X}^1$ 和 $\boldsymbol{X}^3$,映射到 $\boldsymbol{A}$ 中的 $A^1\cap A^3$ 为空集,这种泛化不起作用,因此是一种局部泛化。输入样本在输入空间距离越近,映射到 $\boldsymbol{A}$ 存储区后对应交集中的元素数就越接近 C,其对应的输出也越接近。从分类角度看,不同输入样本在 $\boldsymbol{A}$ 中产生的交集起到了将相近样本聚类的作用。

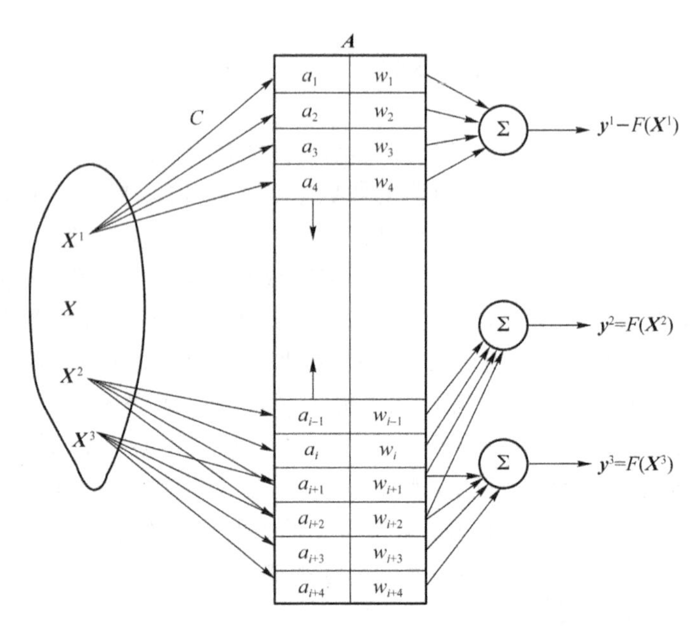

图 6.5　简单的 CMAC 网络结构

为使对于 **X** 空间的每一个状态在 **A** 空间均存在唯一的映射。应使 **A** 存储区中单元的个数至少等于 **X** 空间的状态个数，即

$$m \geqslant qn$$

设将三维输入的每个分量量化为 10 个等级，则 $m \geqslant 1\ 000$。对于许多实际系统，qn 往往要比 1 000 大得多，但由于大多数学习问题不会包含所有可能的输入值，实际上不需要 qn 个存储单元来存放学习的权值。**A** 相当于一种虚拟的内存地址，每个虚拟地址与输入状态空间的一个样本点相对应。通过哈希编码（Hash-coding）可将具有 qn 个存储单元的地址空间 **A** 映射到一个小得多的物理地址空间 $\mathbf{A}_p$ 中。

对于每个输入，**A** 中只有 C 个单元为 1，而其余均为 0，因此 **A** 是一个稀疏矩阵。哈希编码是压缩稀疏矩阵时常用的技术，通过一个产生随机数的程序实现。以 **A** 的地址作为随机数产生程序的变量，产生的随机数作为 $\mathbf{A}_p$ 的地址。由于产生的随机数被限制在一个较小的整数范围内，因此 $\mathbf{A}_p$ 远比 **A** 小得多。显然，从 **A** 到 $\mathbf{A}_p$ 的压缩是一种多对少的随机映射。在 $\mathbf{A}_p$ 中，对每一输入样本有 C 个随机地址与之对应，C 个地址存放的权值须通过学习得到，其累加和即作为 CMAC 网络的输出。

2. CMAC 网络的工作原理

为详细分析 CMAC 网络的工作原理，以二维输入/一维输出模型为例进行讨论，并将图 6.5 中的 CMAC 模型细化为图 6.6 所示的模型。网络的工作过程可分解为四步映射。

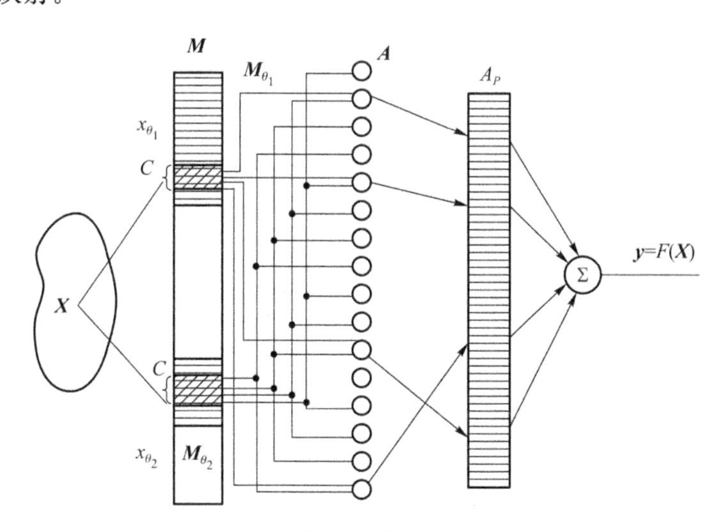

图 6.6　二维输入/一维输出 CMAC 模型

(1) 从 $\boldsymbol{X}$ 到 $\boldsymbol{M}$ 的映射

二维 $\boldsymbol{X}$ 空间的两个分量为模拟信号 θ_1 和 θ_2，θ_1 和 θ_2 可以代表机器人两个关节的角度。$\boldsymbol{M}$ 为输入量化器，分为 $\boldsymbol{M}_{\theta_1}$ 和 $\boldsymbol{M}_{\theta_2}$ 两组，分别对应着两个输入信号。图中 $\boldsymbol{M}$ 的每一个小格代表一个感知器，感知器的个数就是对输入信号的量化级数，表示对输入信号的分辨率。x_{θ_1} 和 x_{θ_2} 分别为表示输入信号的量化值。对于任意输入信号 θ_1 和 θ_2，在 $\boldsymbol{M}_{\theta_1}$ 和 $\boldsymbol{M}_{\theta_2}$ 中必然各有一个与其量化值对应的感知器被激活。但为了泛化的需要，在与输入量化值对应的感知器周围可有 C 个感知器同时被激活。设某个输入分量的量化级数为 9，每个量化值同时激活的感知器数量为 $C=4$，则对于各量化值的激励情况如表 6.1 所示。

表 6.1　感知器激活情况

x_θ	μ_a	μ_b	μ_c	μ_d	μ_e	μ_f	μ_g	μ_h	μ_i	μ_j	μ_k	μ_l
1	1	1	1	1	0	0	0	0	0	0	0	0
2	0	1	1	1	1	0	0	0	0	0	0	0
3	0	0	1	1	1	1	0	0	0	0	0	0
4	0	0	0	1	1	1	1	0	0	0	0	0
5	0	0	0	0	1	1	1	1	0	0	0	0
6	0	0	0	0	0	1	1	1	1	0	0	0
7	0	0	0	0	0	0	1	1	1	1	0	0
8	0	0	0	0	0	0	0	1	1	1	1	0
9	0	0	0	0	0	0	0	0	1	1	1	1

表 6.1 中列出 $\boldsymbol{M}_\theta$中的 12 个感知器,分别用 $\mu_a,\mu_b,\cdots,\mu_l$ 表示。从各行情况可以看出,对于输入信号 θ 的任意一个量化值 x_θ,总有 4 个感知器被激活为 1;从各列情况可以看出,对于每个感知器,其对应输入信号量化值的范围最大可达到 $C=4$。

在一般情况下,输入是多维的,需要用组合滚动的方式对感知器编号。以二维输入为例,设 x_{θ_1} 量化为 5 级,x_{θ_2} 量化为 7 级,x_{θ_1} 和 x_{θ_2} 对应的激活感知器编号分别用大写和小写字母表示,结果分别如表 6.2 和表 6.3 所示。

表 6.2　与 x_{θ_1} 对应的激活感知器编号

x_{θ_1}	m_{θ_1}			
1	A	B	C	D
2	E	B	C	D
3	E	F	C	D
4	E	F	G	D
5	E	F	G	H

表 6.3　与 x_{θ_2} 对应的激活感知器编号

x_{θ_2}	m_{θ_2}			
1	a	b	c	d
2	e	b	c	d
3	e	f	c	d
4	e	f	g	d
5	e	f	g	h
6	i	f	g	h
7	i	j	g	h

在 n 维情况下,$\boldsymbol{X}=(x_{i1},x_{i2},\cdots x_{in})^{\mathrm{T}}$,则从 $\boldsymbol{X}$ 到 $\boldsymbol{M}$ 的映射为

$$\boldsymbol{X}\rightarrow\boldsymbol{M}=\begin{cases}x_{i1}\rightarrow m_{i1}^*\\x_{i2}\rightarrow m_{i1}^*\\x_{in}\rightarrow m_{in}^*\end{cases}$$

(2) 从 $\boldsymbol{M}$ 到 $\boldsymbol{A}$ 的映射

从 $\boldsymbol{M}$ 到 $\boldsymbol{A}$ 的映射是通过滚动组合得到的,其原则仍然是在输入空间接近的向量在输出空间也接近。如果感知器的泛化范围为 C,则在 $\boldsymbol{A}$ 中映射的地址也应为 C 个,而与输入维数无关。仍以二维输入情况为例进行说明,从 $\boldsymbol{X}$ 到 $\boldsymbol{M}$ 的映射如表 6.2 和表 6.3 所示。将两表中的感知器用与的关系进行组合,得到的 $\boldsymbol{A}$ 地址如表 6.4 所示。

表 6.4　由 m_{θ_1} 和 m_{θ_2} 组合的 A 地址

x_{θ_2}	A^*				
7ijgh	AiBjCgDh	EiBjCgDh	EiFjCgDh	EiFjGgDh	EiFjGgHh
6ifgh	AiBfCgDh	EiBfCgDh	EiFfCgDh	EiFfGgDh	EiFfGgHh
5efgh	AeBfCgDh	EeBfCgDh	EeFfCgDh	EeFfGgDh	EeFfGgHh

续 表

x_{θ_2}	A^*				
4efgd	AeBfCgDd	EeBfCgDd	EeFfCgDd	EeFfGgDd	EeFfGgHd
3efcd	AeBfCcDd	EeBfCcDd	EeFfCcDd	EeFfGcDd	EeFfGcHd
2ebcd	AeBbCcDd	EeBbCcDd	EeFbCcDd	EeFbGcDd	EeFbGcHd
1abcd	AaBbCcDd	EaBbCcDd	EaFbCcDd	EaFbGcDd	EaFbGcHd
x_{θ_1}	1ABCD	2EBCD	3EFCD	4EFGD	5EFGH

从表 6.4 可以看出，每个 A^* 都是由 x_{θ_1} 和 x_{θ_2} 对应的 m_{θ_1} 和 m_{θ_2} 组合而成的。A^* 中含有 C 个单元，即 **A** 中有 C 个存储单元被激活。以 $\boldsymbol{X}=(1,7)^{\mathrm{T}}$ 为例，$x_{\theta_1}=1$ 对应的激活感知器为 $m_{\theta_1}=\mathrm{ABCD}$，而 $x_{\theta_2}=7$ 对应的激活感知器为 $m_{\theta_2}=\mathrm{ijgh}$，组合后的单元用 $A^*=\mathrm{AiBjCgDh}$ 表示，A^* 是由大写字母和小写字母为标记的 C 个存储单元的集合。**A** 中有足够的存储单元组合 A^*，可代表 **X** 所有可能的值。在输入空间中比较相近的向量经过从 **X** 到 **M** 再从 **M** 到 **A** 的映射，得到的 A^* 集合也较相近。**A** 中集合间的接近程度可从其交集的大小得到反映，因此将 A_i^* 和 A_j^* 的交称为的 A_i^* 邻域。**A** 中集合间的分离程度可用其距离反映。A 中两个集合之间的距离可表示为

$$d_{ij}=|A^*|-|A_i^*\cap A_j^*|$$

任何两个输入样本 $\boldsymbol{X}_i$ 和 $\boldsymbol{X}_j$ 映射到 **A** 中的 A_i^* 和 A_j^* 上时，两集合交集的大小 $|A_i^*\cap A_j^*|$ 与输入样本 $\boldsymbol{X}_i$ 和 $\boldsymbol{X}_j$ 的邻近程度成正比，而与输入向量的维数无关。A^* 邻域的大小除了与相交集合对应的输入样本的邻近程度有关外，还和 C 的选择以及输入向量的分辨率有关。

(3) 从 **A** 到 $\boldsymbol{A}_p$ 的映射

表 6.4 中，大写字母 A，B，C，D，…，H 和小写字母 a，b，c，d，…，j 分别表示 **A** 存储器中前 P_{f} 个地址的编号和后 P_{r} 个地址的编号，而 Ai，Bj，Cg，Dh 等表示虚拟的存储地址。在存储器 **A** 中的 C 个虚拟地址组合成 A^*，它代表了 **X** 空间中的输入向量。设 **X** 空间为 n 维，每一维有 g 个量化级，则 **A** 中至少有 g^n 个相应的 A^*，它对应于 X 空间的每一个样本点。A^* 占据的存储空间很大，但是对于特定的问题，系统并不会历经整个输入空间，这样在 **A** 中被激励的单元是稀疏的，采用杂散技术可以将 **A** 压缩到一个比较小的实际空间 $\boldsymbol{A}_{\mathrm{p}}$ 中去。

(4) 从 $\boldsymbol{A}_{\mathrm{p}}$ 到 F 的映射

经过以上映射，在 $\boldsymbol{A}_{\mathrm{p}}$ 中有 $|A^*|$ 个随机分布的地址，每个地址中都存放了一个权值，CMAC 网络的输出就是这些权值的迭加，即

$$\boldsymbol{Y}=F(\boldsymbol{X})=\sum_{i\in A^*}w_i$$

对于某一输入样本 $\boldsymbol{X}$，通过以下学习算法调整权值，可使 CMAC 网络产生期望的输出。

3. CMAC 网络的学习算法

CMAC 网络采用 δ 学习算法调整权值，图 6.7 给出其示意图。用 $\boldsymbol{F}_0$ 表示对应于输入 $\boldsymbol{X}$ 的期望输出向量，$\boldsymbol{F}_0=(F_{01},F_{02},\cdots,F_{0r})$，权值调整公式为

$$\delta_j = F_{0j} - F(\boldsymbol{X}) \tag{6.1}$$

$$w_{ij}(t+1) = w_{ij}(t) + \eta \frac{\delta_j}{|A^*|}, \quad i=1,2,\cdots,n, j=1,2,\cdots,r \tag{6.2}$$

网络的 r 个输出为

$$y_j = F_j(\boldsymbol{X}) = \sum_{i \in A^*} w_{ij}, \quad j=1,2,\cdots,r \tag{6.3}$$

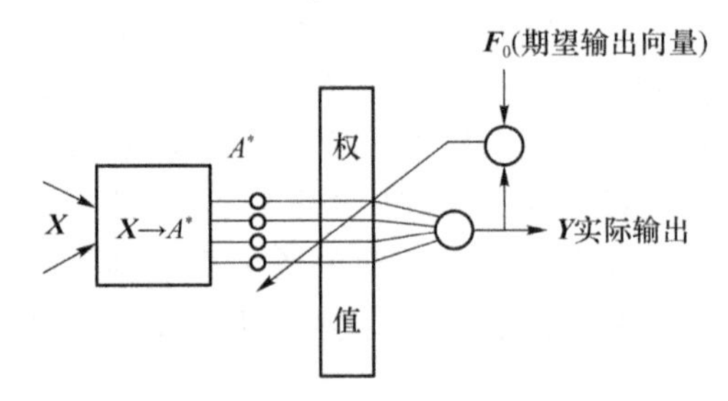

图 6.7　CMAC 网络的权值调整

CMAC 网络的权值调整有两种情况：一种为批学习方式，即将训练样本输入一轮后用累积的 δ 值代入式(6.2)调整权值；另一种为轮训方式，即每个样本输入后都调整权值。前一种方式可采用线性代数方程的雅可比迭代法，后一种则可采用高斯-赛德尔迭代法。

6.3.2 基于嵌入式系统的脑干模型

脑干模型负责对系统的各种行为、动作命令进行整合，信息处理能力次于小脑模型，对实时性要求比较高，可由各类嵌入式系统实现。

嵌入式系统是嵌入式计算机系统的简称，是以应用为中心、以计算机技术为基础、软硬件可裁剪、可适应应用系统各种要求的专用计算机系统。与通用计算机相比，嵌入式通常是形式多样的面向特定应用的软硬件综合体，适合嵌入各种应用系统中执行各种特定的任务。从各种微处理器、单片机、DSP 到 ARM、MIPS、PowerPC、X86 和 SH 等目前的流行体系，都可以作为应用系统中的脑干模型。

目前的嵌入式系统一般是面向特定领域应用而设计的，从应用领域来看，嵌入式系统可分为信息家电类、移动终端类、通信类、汽车电子类和工业控制类等。而

这些领域正是对信息处理系统的智能化水平有很高要求的领域，作为脑干模型的嵌入式系统与作为思维中枢模型的通用计算机相结合，使开发高度智能化的系统成为可能。

6.4　行为中枢的感知-动作系统模型

1991 年，行为主义学派的代表人物 Brooks 发表了经典论文“Intelligence without Representation”，提出了无须知识表示和推理的智能系统。行为主义学派认为，智能行为产生于主体与环境的交互过程中。主体根据环境刺激产生相应的反应，同时通过特定的反应来陈述引起这种反应的情景或刺激。因此，可以将复杂的行为分解成若干个简单的行为，用对简单行为的快速反馈来替代传统人工智能中精确的数学模型，从而达到适应复杂、不确定、非结构化的客观环境的目的。

感知-动作系统在本质上是一种模拟人类或其他生物智能行为的智能主体(agent)，因此，基于感知-动作系统的行为中枢模型可以视为一种能够自主地适应客观环境而不依赖设计者制订的规则或数学模型的智能主体，通常包含以下 4 个功能模块：①知识库用于存储待模拟系统的刺激-响应关系集合；②识别刺激模式感知(观测并识别)系统输入，将该刺激模式与知识库中的刺激模式进行匹配以确定其具体类型；③相应的动作执行机构(相当于人体的效应器官)模拟智能系统对于相关刺激的响应；④一旦确定了输入的刺激模式类型，系统就直接启动动作机构产生相应的响应动作。基于智能主体的智能行为模拟过程如图 6.8 所示。

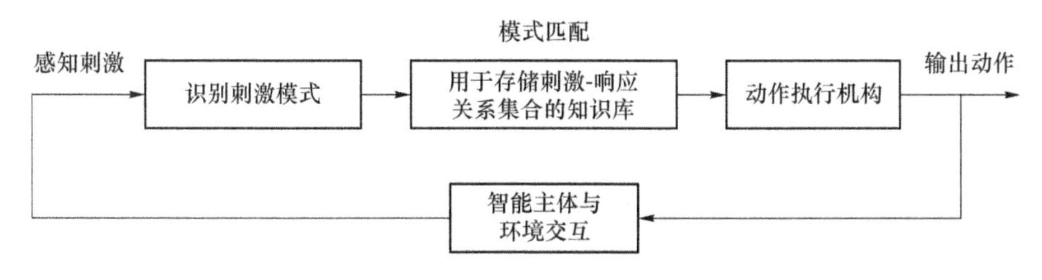

图 6.8　基于智能主体的智能行为模拟过程

6.4.1　感知-动作系统的协调机制

感知-动作系统作为一种模拟智能行为的智能主体，其核心能力在于智能主体与所处环境之间的协调、智能主体内部状态之间的协调以及智能主体之间的协调，而寻求合适的协调机制则是实现这种能力的技术保障。

1. 智能主体与所处环境之间的协调

智能主体对外界环境刺激做出的反应可分为习得性反应和非习得性反应。习得性反应是智能主体在与环境不断交互的过程中通过学习获得的;非习得性反应是一种连锁的习得性反应,最终形成具有遗传性的本能。这种使智能主体与环境相适应的协调机制实际上就是一种学习机制。实现主体通过与环境的交互学习动作行为的主要方法包括进化计算和强化学习。

2. 智能主体内部状态之间的协调

基于感知-动作框架的智能主体构建方法是将动作分解成几个具有相互独立状态的专用模块,如避障、漫游、探险等专用模块。每一个专用模块由传感装置(感知器)直接映射到执行装置(效应器),没有中枢控制系统的作用,如图 6.9 所示。

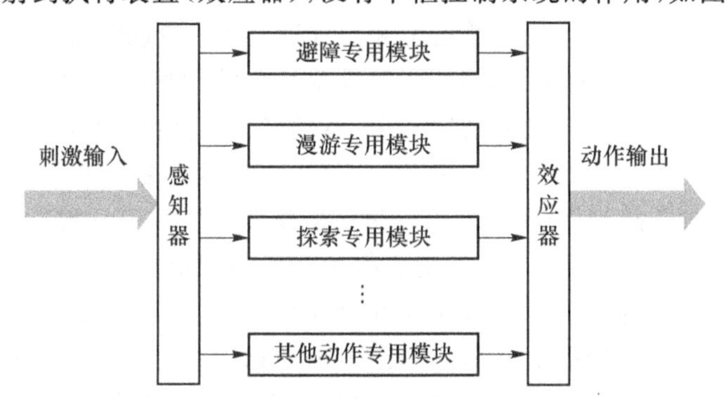

图 6.9　基于感知-动作框架的智能主体构建方法

3. 智能主体之间的协调

多主体系统中的协调问题是指多个主体为了以和谐、一致的方式工作而进行交互的过程。协调是为了避免主体之间的死锁和活锁。死锁是指多个主体无法进行各自的下一步动作;活锁是指多个主体不断工作却无任何进展的状态。

传统人工智能在多机器人系统实施协调时,通常建立一个集中式计算机控制系统,针对目标任务集中组织规划并产生各个机器人控制器的输入指令,从而控制各机器人的动作达到协作目的。而基于智能主体的行为中枢模型具有自治能力和自发行为,即主体不但可以主动与其他主体进行交互,还可以对其他主体的交互请求给予响应或拒绝。这种由底向上的设计方法首先定义各分散自主的主体,然后研究怎样完成一个或几个主体的任务求解,目前被广泛应用。此外,还有基于"互惠利他"行为策略的强化学习,其通过加强各主体的彼此协作获得稳定性能;通过协调进化构造机器人社会;通过遗传算法实现多主体的协作,等等。这些具有高度协调能力的多主体系统(Multi-Agent System,MAS)更加适合动态、开放的环境,体现了智能主体的社会性。

6.4.2 感知-动作系统的行为智能模拟技术

1. 主体技术

主体技术将人工智能领域中的多个分支领域统一起来，通过从感知外部环境到实施行动并对外部环境施加影响的过程，形成一个相互联系的整体，使主体成为一个具有类人智能行为特点的机器人。利用主体技术开发感知-动作系统，可以建立 4 种主体类型：①简单反应型主体，通过其内部的“if condition then action”规则实现从感知到动作的映射；②具有内部状态的反应型主体，内部状态作为历史因素与当前的感知共同产生一个被更新的当前状态，据此指导主体如何动作；③基于目标的主体，主体通过学习、进化计算和强化学习能够调整内部状态以获得能够到达目标的动作；④基于效用的主体。主体内部具有清晰的效用评价函数，能够对不同的动作过程所获得的利益进行比较，做出理性的决定。

2. 软计算技术

软计算技术包括模糊逻辑、神经计算、遗传算法、概率推理和部分学习理论等技术。这些技术密集集成便形成了软计算的核心。通过协同工作，可以保证软计算有效利用人类知识，处理不精确及不确定的情况，对未知或变化的环境进行学习和调节。以提高性能。在基于行为主义的主体框架中，主要采用了将遗传算法、增强强化学习和神经网络等结合的方法。例如，目前比较先进的方法是以神经网络构建主体的行为模型。通过组合遗传算法和强化学习获得环境知识和适应函数或评价函数，并据此调整网络结构和参数，从而产生能适应环境并能完成认准目标任务的动作行为。

3. 面向主体编程技术

面向主体编程（Agent Oriented Programming，AOP）是一种关于计算的框架。相对于面向对象编程（OOP）中的对象而言，AOP 中的主体是一个力度更大、智能性更高，具有一定自主性的实体。AOP 与 OOP 的相似之处在于，二者都具有实体性和封装状态，可以执行某种动作和方法，并可以通过消息进行通信。二者的主要区别有 3 点：一是在决定是否执行对象的方法时决定权不同，AOP 系统的决定权在接收请求的主体，而 OOP 系统的决定权在主动调用方法的对象；二是 AOP 中的主体具有灵活的行为能力（反应的、预动的、社会的），而 OOP 中的对象不具有这样的属性；三是 AOP 中的主体具有并行工作特点，而 OOP 中的对象并不具有这种特点。

6.4.3 感知-动作系统的设计原则

目前已有许多基于行为主义思想设计的感知-动作系统，能够满足人类多方面的要求。这些系统的成功主要归功于 Barry 提出的 3 个基本设计原则：简单性原则、无状态原则和高冗余性原则。

简单性原则是指运用快速反馈代替精确的计算，允许通过简单的估算或比较产生复杂的动作，同时分解的行为之间的相互作用要尽可能小或平行。这种设计方法能使系统更简化、开放，也更能适应环境，且不只适用于某一特定模型，因而具有设计与现实相匹配的优点。

无状态原则规定设计时必须使系统的内部状态与外在环境保持同步，这就要求所保留的状态不能在系统中长时间起作用。这种设计原则提高了系统的可改变性，使系统更易完善，对环境的变化和其他失误的适应能力更强。

高冗余性原则是使系统能与不确定因素共存，而不是消除不确定因素。由不确定因素造成的矛盾、冲突和不一致为智能系统的学习和进化提供了多样化选择，使其更加强壮。

本章小结

本章分析了人体肌体运动神经系统的结构、机制及功能。运动神经系统由三级等级递阶结构和两个辅助监控系统组成。与运动调控有关的脑区形成相互联系的回路，可对运动和姿势的各种信息进行加工。三中枢自协调类脑模型中的行为中枢借鉴了这种方案，经过适当简化，得到基于运动神经系统简化模型的行为中枢模型。在行为中枢模型的各调控模块中，小脑模型为运动的协调中枢；脑干模型实现对各种运动命令的整合；脊髓模型实现对输入检测信号和输出控制信号的传导，此外，其本身还可作为快速反应的局部控制器完成类似于肌体反射活动的控制动作。本章还从智能主体的角度介绍了基于感知-动作系统的行为中枢设计思路。

本章参考文献

[1] 罗学港，唐建华，等. 神经科学基础[M]. 长沙：中南大学出版社，2002.
[2] 李继硕. 神经科学基础[M]. 北京：高等教育出版社，2001.
[3] 杨雄里. 脑科学的现代进展[M]. 上海：上海科技教育出版社，1998.

［4］　韩力群，人工神经网络理论、设计及应用［M］．北京：化学工业出版社，2007．
［5］　徐丽娜．神经网络控制［M］．哈尔滨：哈尔滨工业大学出版社，2003．
［6］　罗蕾．嵌入式实时操作系统及应用开发［M］．北京：北京航空航天大学出版社，2005．
［7］　吴石增，黄鸿．传感器与测控技术［M］．北京：中国电力出版社，2003．
［8］　韩力群．机器智能与智能机器人［M］．北京：国防工业出版社，2020．

第7章 类脑智能系统的协调机制研究

人脑神经系统是最高级的生物协调控制系统，其协调机制的结构和功能所具有的特点为三中枢自协调类脑模型的协调方案设计提供了丰富的借鉴。本章研究三中枢自协调以及思维中枢中人工胼胝体进行左、右脑协调的设计思路和实现方案。

7.1 人脑神经系统协调机制的特点

下面对人脑神经系统协调机制的特点进行简要分析。

(1) 大脑的全局协调与自协调

大脑作为高级中枢神经系统的思维中枢，具有全局协调控制功能，如大脑皮层的全身定位反射协调，左脑和右脑的交叉并行工作协调，神经、体液的双重体制运行协调，人体随意动作与目的行为的协调等。

(2) 丘脑的感觉协调

丘脑作为感觉中枢，具有感觉协调功能，可对外周神经系统并行或串行传入的视觉、听觉、触觉、嗅觉、味觉、痛觉、温觉等多模式、多媒体感觉信息，进行时空整合、信息融合与内外协调。

(3) 小脑的行为协调

小脑作为运动中枢，具有对人体姿态与运动进行协调控制的功能。小脑根据大脑关于随意运动或目的行为的指令，以及丘脑关于人体本身和外界环境的感知信息，通过低级中枢神经系统(脊髓)及外周运动神经系统，对人体运动和姿态进行协调控制。行为协调可使人体(或系统)的运动平衡，姿态优美，行动和谐。

(4) 脑干的生理协调

脑干作为生命中枢，具有生理状态协调功能，可通过对脏腑中枢和激素中枢的协调控制对人体的生理功能和生命活动进行协调，如血压的升压与降压双向调节的协调平衡、体温的产热与散热双向调节的协调平衡、呼吸的吸气与呼气双向调节的协调平衡、心率的增强与减缓双向调节的协调平衡等。

(5) 脑垂体的激素协调控制

由下丘脑-脑垂体组成的激素中枢也称为体液中枢，具有对体液循环系统中的各种内分泌激素的动态平衡进行协调和双向调控的功能。脑垂体接收下丘脑分泌的释放素与抑制素的双向调控作用，使脑垂体分泌的各种垂体激素保持动态平衡。通过分泌相应的垂体激素，脑垂体进而调控相应的内分泌腺体的分泌水平，以满足人体正常生理状态的需求。

(6) 延脑的脏腑协调

延脑作为脏腑中枢，具有脏腑协调功能，可通过内脏神经系统（植物神经系统）的交感与副交感神经的双向调节作用对人体内部各种脏腑进行动态协调控制，同时，可通过低级中枢神经系统（脊髓）的多节段分区协调控制作用控制胸腔、腹肌等相应躯体的扩张与收缩运动。

从以上分析可以看出，人脑神经系统是一种规模庞大、结构复杂、功能综合、因素众多的非线性系统，具有典型的大系统特征。从大系统控制论的角度来看，其协调机制在结构上既具有多级递阶的特点，又具有集散的特点；在功能上则具有通过系统内部的自协调达到系统自平衡、自稳定的特点。

三中枢自协调类脑模型在体系结构上借鉴了人脑神经系统中的高级中枢神经系统，在运行机制上借鉴了人脑神经系统的自协调机制。因此，需要应用大系统控制论研究类脑智能系统的协调问题，以使各个中枢之间相互协调、相互配合并相互制约，共同完成拟人脑智能信息处理任务。

7.2　大系统控制论的协调策略

大系统控制论的协调策略分为两类：一类是多变量协调控制；另一类是大系统协调控制。

7.2.1　多变量协调控制

多变量协调控制有两种基本原理。

1. 自治调节原理

其主要设计思想如下：假设在被控对象中存在的各单变量控制过程之间的原有相互联系都是有害的，要求各单变量控制过程之间不互相影响，因此设计的任务是将整个由多变量控制的大系统分解为由若干个单变量控制的自治小系统。实现自治调节的方法是建立各单变量调节器之间的相互联系，抵消被控对象中原有相互联系的影响。

2. 协调控制原理

在多变量协调控制系统的设计中，有许多场合不要求自治而要求保持各单变量控制过程之间的某种协调关系。另外，在被控制对象中存在的相互联系有些是有益的，因此，需要对多个变量进行协调控制。主要设计策略包括自整定“内部给定变量”、协调偏差反馈控制、控制作用协调联系以及扰动补偿复合控制。

7.2.2 大系统协调控制

大系统协调控制的任务是实现大系统的协调化，通过协调控制使大系统中的各子系统相互协调、相互配合、相互制约和相互促进，在实现各子系统子任务的基础上，实现大系统的总任务。大系统中最常采用的协调控制结构有递阶结构和分散结构。

1. 递阶大系统协调控制

递阶大系统协调控制的上级为协调器，可对各子系统进行协调控制，下级为若干个局部控制子系统。协调控制的任务是适当处理各子系统之间的相互联系，在各子系统局部最优化的基础上，通过协调实现大系统的全局最优化。

递阶大系统的协调控制可分两步进行。第一步为分解，即将复杂大系统分解为简单子系统，分别并行求解各子系统的局部最优化控制问题。在三中枢自协调类脑模型中，将类脑智能系统的功能分解为3个智能中枢子系统的功能，这正是根据人脑中枢神经系统原型提供的天然方法而进行的大系统分解。第二步为协调，即通过模型协调或目标协调，在各子系统局部最优化的基础上，实现大系统全局最优化。

2. 分散大系统协调控制

当大系统具有分散控制结构时，其没有上级协调器，需依靠各子系统之间的相互通信实现大系统的协调控制。分散控制系统的协调常采用的方法如下。

(1) 导引协调

导引协调即选取某一个子系统为主导子系统，而其他子系统为从属子系统，由主导子系统对各个从属子系统的工作状态进行观测、评价，发出导引协调信号，对各从属子系统进行导引协调控制。在三中枢自协调类脑模型中，思维中枢中的人工胼胝体子系统即为分散协调中的主导子系统，而类右脑模型和类左脑模型为从属子系统。

(2) 循环协调

循环协调即各子系统的地位是平等的，可按某种顺序以串行方式依次进行循环式协调。

(3) 分组协调

分组协调根据分散控制系统中各子系统之间耦合的强弱和对协调需求的差异等情况，将子系统划分为若干组，各组分别地、并行地进行协调，并可采用不同的协调方案。在三中枢自协调类脑模型中，思维中枢可看作人工胼胝体、类右脑模型和类左脑模型 3 个子系统形成的一个分组，对整个系统来说，该分组是一个子系统，该子系统与其他两个中枢可构成递阶结构或分散结构。而对该分组来说，其内部各子系统之间并行地进行着组内的协调。

(4) 全息协调

全息协调即在分散控制系统中，任何两个子系统之间都具有双向的协调信息通道，可以进行双向协调。因此，任何一个子系统都既是协调者，又是被协调者。

在三中枢自协调类脑模型中，对上述协调方案进行了相互结合和灵活组合。

7.3　类脑智能系统的三中枢自协调

根据三中枢自协调类脑模型的特点，其自协调方案的设计可采用以下两类大系统协调控制方法。

7.3.1　三中枢递阶协调

三中枢自协调类脑模型的体系结构是一种典型的递阶大系统，适合采用图 7.1 所示的递阶协调方法。其中：三中枢自协调类脑模型中的思维中枢作为协调器对感觉中枢和行为中枢进行全局协调；行为中枢通过小脑模型对脑干模型和应用系统中的其他控制机构进行协调；脑干模型直接对应用系统的行为进行协调与控制，从而形成了多级递阶的协调控制结构。

7.3.2　三中枢分散协调

三中枢自协调类脑模型中各中枢子系统的协调控制除了有以思维中枢为总协调器的全局协调控制外，根据应用系统的具体需要，也可以通过各中枢子系统之间的相互协调形成自协调系统，这相当于图 7.2 所示的分散大系统协调控制方案。实际上，在感觉中枢和行为中枢之间需要协调工作的应用场合，图 7.1 所示的递阶协调结构即可转化为以思维中枢为导引的分散协调结构。

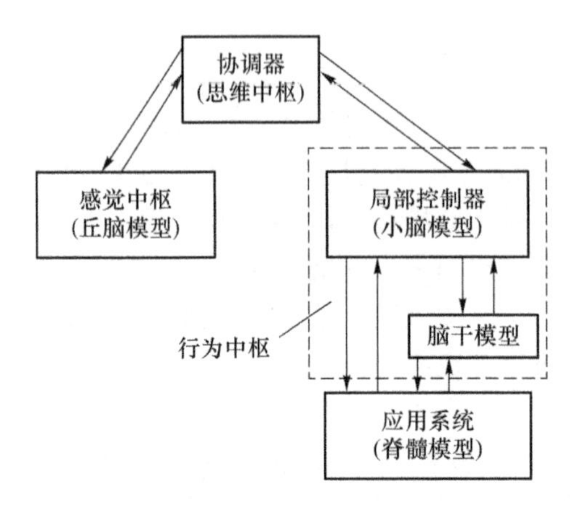

图 7.1　递阶协调方案

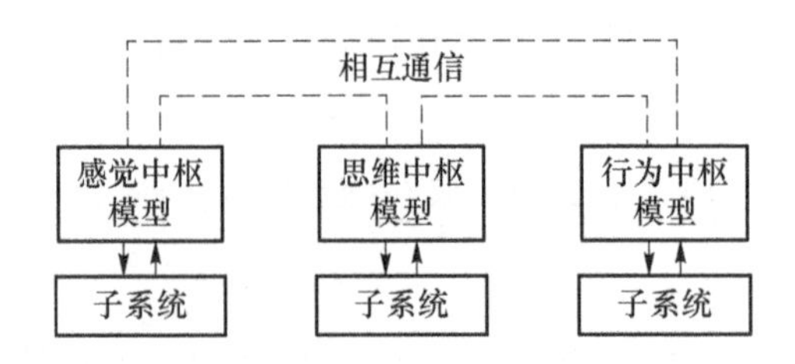

图 7.2　分散协调方案

在上述两种协调控制方法中协调器和控制器的实现与各中枢采用的技术实现方案密切相关。例如，当感觉中枢模型和思维中枢的拟右脑模型均采用神经网络实现时，两个子系统的协调方案可在设计各神经网络模块时综合考虑。本书研究的感觉中枢模型是一种基于多种神经网络集成的视觉信息处理系统，相应的思维中枢拟右脑模型是基于神经网络的拟视皮层模型，因此两者之间的协调可通过感觉中枢中继环节网络的输出层与思维中枢拟右脑网络的输入层之间的权值实现。在实际应用中，当调控中枢对其受控对象参数的调节与控制基于某些确定的规则时，可用各类专家控制系统实现调控中枢的功能。专家控制系统中知识库和规则库的建立以实际应用系统的机制和机理为依据。

7.4　类脑智能系统的左、右脑自协调

思维中枢是三中枢自协调类脑模型中最重要的智能中枢，由于该中枢的左、右脑模型分别采用了基于符号推理和基于神经元连接的技术方案，以分别实现拟人脑形象思维和逻辑思维功能，因此思维中枢左、右脑模型的协调至关重要。为此，

我们提出一种称为人工胼胝体的协调模块，以解决思维中枢中两种不同思维功能的融合以及两类不同技术方案的兼容问题。人工胼胝体的设计采用了多种设计方法和协调技术：

(1) 综合信息库及其智能管理系统的设计方法；

(2) 分散大系统协调控制方法；

(3) 信息推拉交换技术；

(4) 多模式数据接口技术；

(5) 左、右脑协调实现技术。

7.4.1　人工胼胝体的综合信息库及其智能管理系统设计

为了实现左、右脑模型信息共享、协同工作，在人工胼胝体设计中提出了综合信息库的概念，并借鉴广义智能管理系统的设计思想，从广义协调模型、智能协调方法和多库协同技术3个方面进行了设计。其中：广义协调模型可以采用运筹学和系统工程的数学模型、知识工程的知识模型、模糊逻辑的关系模型以及人工神经元的网络模型等多种表达方法；智能协调方法是在人工智能与运筹学相结合、知识工程与系统工程相结合、神经网络与模糊逻辑相结合的基础上，根据实际应用系统的体系结构特点，开发出来的具有智能特征的协调方法；多库协同技术将数据库、知识库、模型库、方法库等组成多库协同的管理软件结构。

根据思维中枢的实际应用需求，人工胼胝体的综合信息库可包括不同类型的库，如数据库、知识库、模型库、图像库、图形库、音素库、语料库、文件库和动画库，等等。本章建立的综合信息库包括上述选择范围中的前四种，多库协同系统采用了多库并列型结构。在多库并列型结构中，各库不分主次，既可以独立工作，又可以协同运行，共同完成任务。综合信息库智能管理系统负责对思维中枢的左、右脑模型用到的各种库进行统一管理与协调。例如，右脑模型中各种神经网络通过训练得到的权值作为自动获取的知识需通过人工胼胝体的综合信息管理系统存入知识库；左脑模型中通过人机交互获得的产生式规则也需要通过综合信息管理系统存入知识库。因此，综合信息库智能管理系统具备两个主要功能：一是各库的管理与维护功能；二是多库协同功能。

1. 各库及其管理系统的功能与设计实现

(1) 数据库及数据库管理系统

该系统具有面向数据信息的存储、查询、管理和维护等功能。根据应用系统的实际需要可分别采用关系型、层次型和网络型数据库管理系统。

(2) 知识库及知识库管理系统

该系统具有面向知识信息(显性知识与隐性知识)的存储、查询、管理和维护等功能。其设计实现与知识的表达和推理方法相关。图 7.3 给出一种适合于前述思维中枢模型的知识库管理系统。

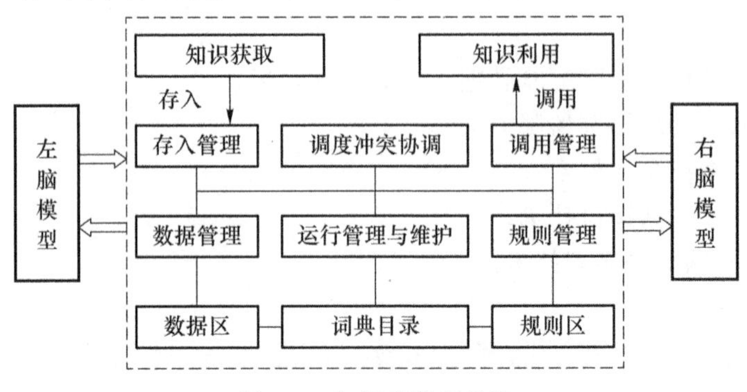

图 7.3 知识库管理系统

(3) 图像库及图像库管理系统

该系统具有面向图像信息的存储、调用、编辑和管理等功能,其设计与实现取决于具体用途。图 7.4 给出一个人工幼儿脑系统中图像管理系统的设计方案。该系统试图实现两岁左右幼儿的模式识别与联想功能,即从对简单文字符号的识别联想到对该文字符号所代表的形象识别联想。

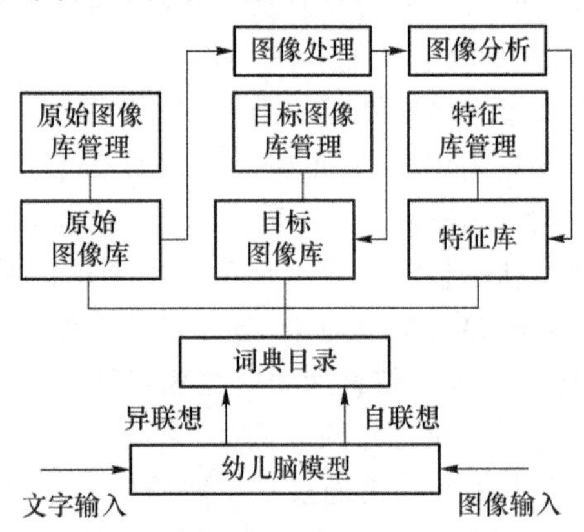

图 7.4 图像库管理系统

(4) 模型库及模型库管理系统

该系统具有模型的存储、调用、管理、组装和构造等功能,典型的模型库管理系统如图 7.5 所示。其中:模型存储模块负责对模型进行分类、参数赋值与设置;模型调用模块负责模型的选择与配置;模型维护模块负责模型的增删、修改等操作;模型构造模块负责模型的组装与生成。

2. 多库协同器的功能与实现技术

多库协同器在各库管理系统的基础上,对各库进行协同调度、相互通信和总体

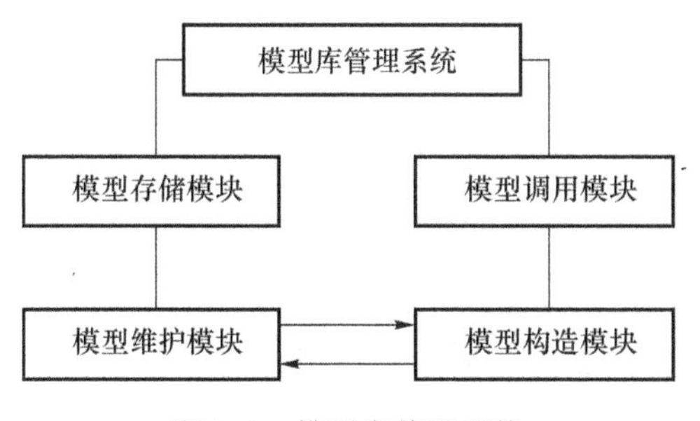

图 7.5　模型库管理系统

控制，以实现左、右脑模型的资源共享和协同运行。在设计实现中可采用的方法和技术如下。

① 大系统控制论的"分解-协调方法"。在协同调度时，可将复杂的综合数据调用问题分解为简单的不同类型数据的调用问题，然后调用相应的库并行处理，通过协调解决复杂的综合数据调用问题。

② 大系统控制论的递阶控制技术。在多库系统的总控调度中，可引用大系统控制论的集中-分散相结合的递阶控制技术。各库自身的管理分别由各库的下级管理系统并行作业，上级协同器进行总体控制与全局调度。

③ 软件平台技术。采用多任务软件平台进行协同器及各库的软件设计与实现。

④ 数据通信技术。当基于三中枢自协调类脑模型的智能信息处理系统规模较大且组成分散时，可应用计算机网络的数据通信技术进行通信联络，实现多库资源共享，以及协调时空冲突。

7.4.2　人工胼胝体的左、右脑信息推拉交换技术

人类大脑的左、右半球之间大约有 2 亿根神经纤维，它们用于进行信息传递，其作用如同两个信息处理系统之间的输入、输出电缆。人工胼胝体中的信息交流通道借鉴了神经纤维的信息传递功能，是右脑模型和左脑模型传递信息的内部通信通道。例如，由 ART 神经网络实现右脑的模式识别功能时，网络各层的信号要通过人工胼胝体中的信息交流通道传递到左脑模型，而左脑模型输出的控制信号也要通过该通道传递到右脑的 ART 神经网络。各类可塑神经网络中的控制指令也要通过信息交流通道在左、右脑模型之间进行传递。

计算机网络和通信技术的发展为人们提供了多种多样的信息获取和传送方法及技术，从信源与用户的关系来看，其可分为两种模式：信息推送(information push)模式，由信源主动将信息推送给用户；信息拉取(information pull)模式，由用

户主动从信源中拉取信息，如查询数据库。思维中枢的左、右脑模型之间的信息交换可以采用信息推拉交换技术，左、右脑模型互为信源和用户，采用互动式信息拉取和信息推送两种模式进行信息的沟通。

(1) 信息拉取

信息拉取技术即左脑模型或右脑模型以用户身份有目的性地主动查询，发出请求，然后系统将信息送回用户端。它可以让用户根据自己的信息需求，方便地找到在信息内容上与之匹配的信息资源。用户端每次进行信息获取时，都要明确地表达出明确的信息需求。信息拉取技术的主要优点是针对性好，信源任务轻。

(2) 信息推送

信息推送技术是根据左、右脑模型的功能分工，有针对性和目的性地按时将信息主动发送给左、右脑模型的特定存储区。信息推送技术具有3个基本特点：①主动性，即信源会主动地将信息传送给左、右脑模型，而不需要左、右脑模型的及时请求；②智能性，信息推送技术中的信息服务模块(可采用 Agent 技术或软件人技术)可以自动地对预定信源进行搜索，收集更新信息推送给左、右脑模型，信息推送系统能够根据左、右脑模型的功能要求自动搜集其感兴趣的信息并定期推送。③综合性，信息推送模式对左、右脑模型进行信息服务依赖多种软件等综合信息库系统的支持。

7.4.3 人工胼胝体的多模式数据接口技术

数据接口是左、右脑模型不同信号模式进行转换的接口，也是左、右脑模型与综合信息库进行数据交换的桥梁。例如：右脑模型中各种神经网络的权值除了可以通过训练自动获得外，还可作为先验知识由左脑模型通过人工胼胝体的数据接口进行赋值；右脑模型采用有导师学习算法时，训练所需的教师信号也要由左脑模型通过数据接口提供。

由于左、右脑模型处理的数据在模式和数据量方面都有很大差别，数据接口需要提供以下功能。

① 数据缓存

数据接口模块中提供一个缓存区，供左、右脑模型存放待交换的批量数据，如神经网络各层的权值矩阵等。

② 数据预处理

数据预处理包括数据的归一化和归一化数据的复原处理、精确量的模糊化和模糊量的解模糊处理，等等。

③ 模式转换

模式转换包括模拟量的离散化与量化、数字量向模拟量的转换，等等。

④ 信息的组织和优化

信息的组织和优化包括信息的导航、筛选、整理、发现，等等。

7.4.4　人工胼胝体的左、右脑协调实现技术

前面讨论了人工胼胝体中的综合信息库及其管理、信息交换通道和多模式数据接口等左、右脑模型的通用协调方案。这些协调方案的具体实现与左、右脑模型的实现方案密切相关。根据前几章的讨论，拟右脑形象思维功能的智能模型适合采用神经网络技术实现，拟左脑逻辑思维功能的智能模型适合采用基于知识的逻辑推理技术实现，而在多数情况下，两类思维功能是交融渗透、难以分开的。因此，左、右脑模型的工作过程应是一种并行且交织的过程，而不是独立平行的过程。

1. 可塑神经网络拟右脑模型

下面针对基于神经网络实现技术的拟右脑模型，讨论 3 种有左脑协调信号参与的可塑神经网络拟右脑模型的建模方案。

在人脑的生物神经网络中，神经元连接的基本模式是由先天的遗传因素决定的，而其后的继续发育则与后天的经历密切相关，这使得神经网络具有很强的可塑性。现代神经生理学的研究结果表明：人类神经网络的结构和功能具有多种可塑性，而已有的人工神经网络主要是通过对环境的学习训练调整其连接权值，这种调整仅仅是对人工神经网络突触连接可塑性的一种简单模拟。随着人工神经网络研究工作的不断深入，有必要研究人类生物神经网络所具有的多种可塑性，并探讨如何建立与之相对应的人工神经网络在线学习模型。左脑模型的参与可为神经网络实现多种可塑性提供可能的解决途径，两者的结合必将使之呈现出更强的智能特性和适应能力。

人类生物神经网络的结构和功能具有多种可塑性，可概括为随意连接式可塑性、新陈代谢式可塑性、与可控学习式可塑性 3 种方式。

① 随意连接式可塑性

人类生物神经网络可以根据人的主观意愿和环境的客观刺激，进行神经网络的“随意”连接。这种“随意”不是随便或任意的，而是指神经网络的连接能够随感觉经验和主观意愿之“意”对原本弥散的神经连接做精细化调整。不同的感觉经验和主观意愿会使神经网络的连接产生不同的特化，从而对同一输入模式可产生不同的输出响应。

② 新陈代谢式可塑性

人类生物神经网络在人类生命历程中不断地新陈代谢，因此，人类生物神经网络要经历从儿童→青年→壮年→老年的新陈代谢过程。从神经元层次看，在人类

生物神经网络发育的正常进程中，许多神经细胞会自然地死亡，即神经元的程序性细胞死亡，同时又有若干神经细胞新生，使各类生物神经网络不断更新、成长、成熟直至老化。从连接层次看，轴突的生长、引导与缩回，突触的形成、稳定、修饰与消失都属于具有新陈代谢特点的可塑性。

③ 可控学习式可塑性

人类在学习过程中，既有自我控制的自学习过程，又有由师长、领导等外在力量控制的示教学习。因此，人类生物神经网络的学习是可控的。自学成材和因材施教都是可控学习的典型例子。

(1) 可塑神经网络的概念模型

根据上述人类生物神经网络的 3 种可塑性，可以利用类左脑模型研究开发可塑神经网络，下面给出 3 种概念模型。

① 随意连接神经网络

随意连接神经网络不仅可以根据输入模式的特征信息进行自组织，相应地改变其结构和功能，还可以根据左脑提供的用户意愿输入指令信息调整网络的结构、参数和功能，其概念模型如图 7.6 所示。

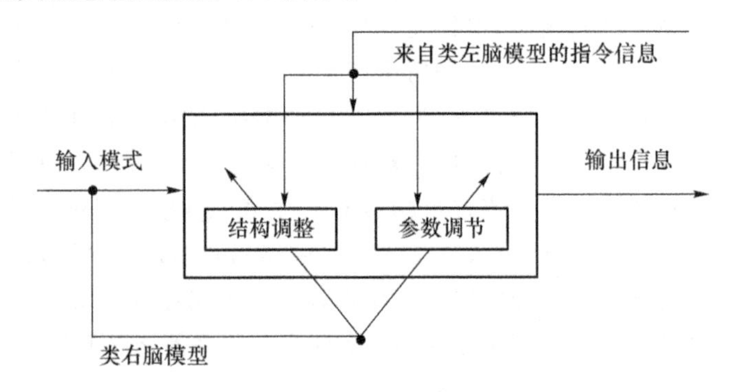

图 7.6　随意连接神经网络

② 新陈代谢神经网络

新陈代谢神经网络是一种可以在运行过程中根据类左脑模型提供的运行效果的反馈信息，或综合信息库提供的应用系统工作流程的需要自动调整其结构和参数的可塑神经网络，其概念模型如图 7.7 所示。

③ 可控学习神经网络

可控学习神经网络的学习训练过程是可控的，一方面，可由类左脑模型提供的指令信息进行前馈开环控制，相当于自我控制的自学习过程；另一方面，可根据学习效果的输出信息进行反馈闭环控制，相当于由师长控制的示教学习过程。由两种控制方式组成复合控制的可控学习神经网络，其概念模型如图 7.8 所示。

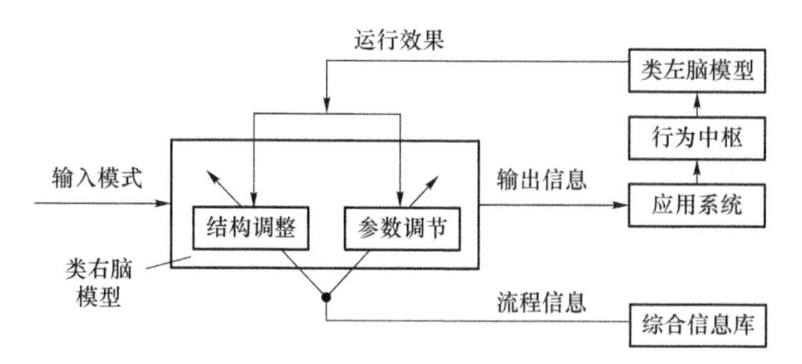

图 7.7　新陈代谢神经网络

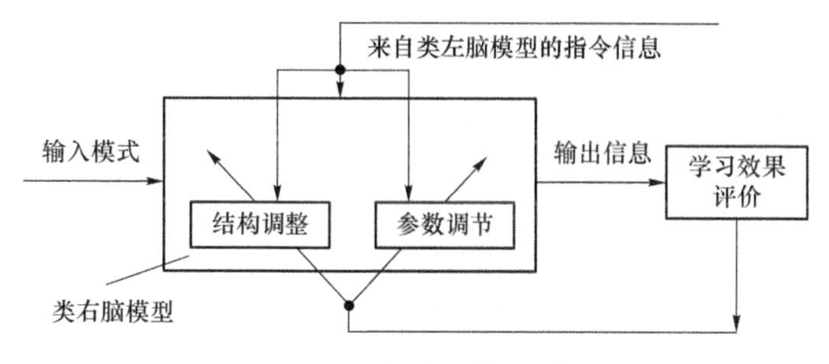

图 7.8　可控学习神经网络

(2) 可塑神经网络的技术实现

① 随意连接的多层感知机模型

目前对多层感知机拓扑结构的设计相当于对其先天基本模式的模拟，而训练过程中对权值的修正则类似于对其后天模式的塑造。根据随意连接的概念，神经网络的连接应由代表客观环境激励的输入模式和代表主观意愿的指令信息共同决定。关于神经网络的可塑连接有可变结构和可变参数两种途径。由于多层感知机拓扑结构的设计理论尚未解决，其初始结构的设计尚且需要通过反复试验才能完成，因此通过训练进行变结构可塑连接在现阶段还难以取得突破性进展。多层感知机中变参数的实现主要采用 BP 算法和 RBF 算法，其中权值参数的调整是向着减小网络输出与理想输出(教师信号)之差的方向进行的。如果以设计者的主观意愿作为教师信号，或在表达客观标准的教师信号中迭加代表主观意愿的指令信息，权值参数的调整将呈现随意连接的塑造特性。指令信号可通过综合信息库中预存的某种经验规则直接调整各层的神经元个数，也可通过与教师信号的迭加获得网络的理想输出信号，利用 BP 算法对连接权值进行调整从而使网络输出不断达到“随意”的要求。

② 新陈代谢的自组织神经网络

自组织神经网络的学习方式更类似于人类大脑中生物神经网络的学习，其最重要的特点是通过竞争机制自动寻找输入样本中的内在规律和本质属性，自组织、自适应地改变网络参数与结构。与其他类型的神经网络相比，自组织神经网络更具可塑性。其竞争层节点数以及各节点对应的内、外星权值都可以在运行中进行自适应调整。然而，目前常见的自组织神经网络均不具有根据应用系统工作流程的需要自动调整其结构和参数的能力。图 7.9 给出一种根据流程信息对自组织网络竞争层节点数进行新陈代谢式调整的技术模型。其中网络运行效果由网络的实际输出与目标信号的差值确定，可采用某种有导师学习算法对网络的输出层参数进行调整，调整的目的是使运行效果不断改善。网络竞争层参数的调整采用竞争学习算法，其工作节点的数量增减由应用系统的流程信息进行控制。例如，在系统工作进程的发育期，网络竞争层的初始工作节点数量较少；成熟期到来后，工作节点数量渐增；进入衰退期后，工作节点数量逐渐减少，这样从而使自组织神经网络具有新陈代谢的特点。

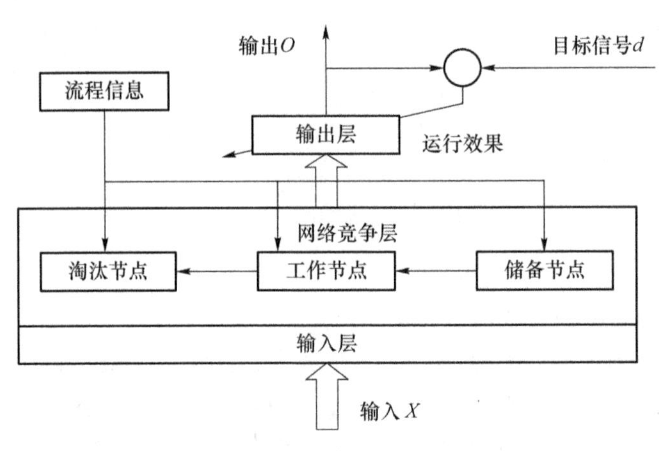

图 7.9　新陈代谢的自组织神经网络

③ 可控学习的前馈、反馈型复合神经网络

从可控学习的角度分析图 7.10，将目标信号理解为教师的示教信号，将流程信息理解为用户指令信息，将输入样本看作学习材料。则图 7.9 中的神经网络就成为图 7.10 中的前馈、反馈型复合神经网络。

人类神经网络具有多种可塑性，而人工神经网络的可塑性尚有待研究开发。随着脑科学界对生物神经网络认识的不断深入，工程界已通过建立数理模型对其机理进行进一步模拟，并通过新的学习算法加强其人工模型的可塑性和适应性。研究基于左、右脑模型协调的可塑神经网络的概念模型与技术模型，可作为开展这一新研究方向的起点。

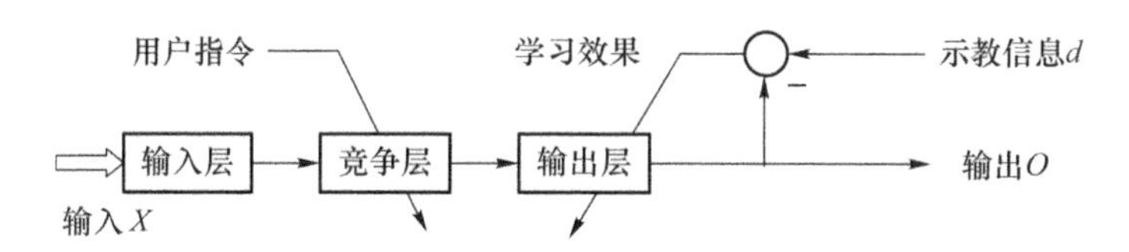

图 7.10　可控学习的前馈、反馈型复合神经网络

2. 左、右脑模型协调举例

(1) 多变量分解自治协调

在拟右脑模型设计中，联想记忆网络的权值矩阵若通过求记忆模式的外积和进行设计，则不可避免地存在各记忆模式之间的相互干扰。因此，可借鉴多变量协调控制中将由多变量控制的大系统分解为由若干单变量控制的自治小系统这一思路。在控制系统中实现自治调节的方法是建立各单变量调节器之间的相互联系，消除被控中原有相互联系的影响。若将权值矩阵的设计方法由求外积和分解为求单模式的外积，通过建立左、右脑模型之间的相互联系，可有效消除网络中原有的记忆模式之间的相互干扰，其原理如图 7.11 所示。

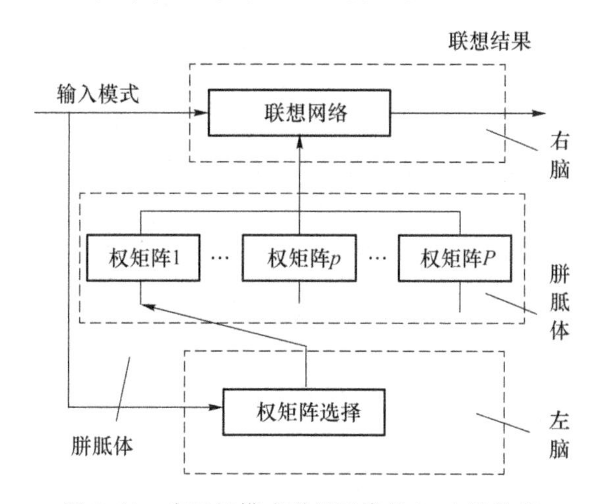

图 7.11　多记忆模式联想网络的左、右脑协调

(2)“内部给定”与偏差反馈协调

在第 5 章类右脑模型设计中，模式识别网络对输入样本的识别结果是否有效，取决于输入样本对某模式类的相似度与系统“内部给定”的相似度之间的偏差是否满足要求，不满足时需将该网络复位，重新进行识别判断。在上述过程中，左、右脑模型的协调即采用了多变量协调控制策略中的“内部给定”变量和协调偏差反馈等思路，其原理如图 7.12 所示。

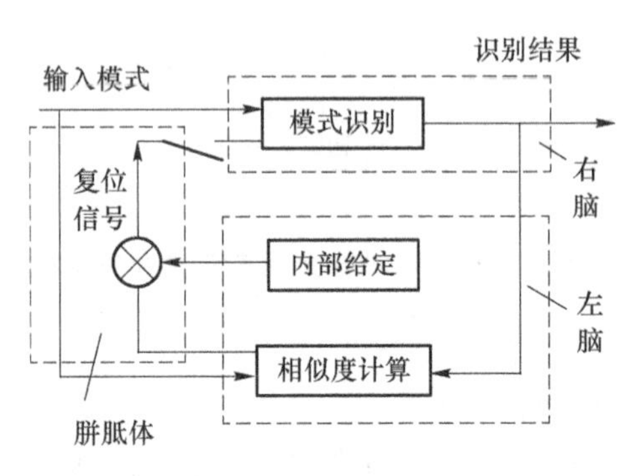

图 7.12　模式识别的左、右脑协调

本 章 小 结

本章分析了人脑神经系统协调机制的主要特点，介绍了大系统控制论的主要协调策略，在此基础上，还提出了拟人脑智能系统的三中枢自协调和思维中枢的左、右脑自协调设计思路和实现方案。并且，本章提出了人工胼胝体的概念，人工胼胝体作为左、右脑模型的协调模块，旨在解决思维中枢中两种不同思维功能的融合以及两类不同技术方案的兼容问题。人工胼胝体的设计采用了综合信息库及其智能管理系统设计、信息通道技术和数据接口技术等多种设计方法和协调技术。

针对基于神经网络实现技术的拟右脑模型，本章提出通过拟左脑模型的参与设计可塑神经网络的思路，并给出实现方案。本章最后给出两例左、右脑模型协调工作的具体技术实现方案，两个方案分别借鉴了大系统控制论中多变量分解自治的协调思路和“内部给定”与偏差反馈的协调思路，两个模型的协同工作可使神经网络拟右脑模型的功能呈现更高的智能水平。

本章参考文献

[1]　韩力群，涂序彦.多中枢自协调人工脑研究[C]//人工生命及应用论文集.北京：北京邮电大学出版社，2004：96-105.

[2]　涂序彦.大系统控制论[M].北京：国防工业出版社，1994.

[3]　付庆玲，韩力群.基于人工神经网络的手写数字识别[J].北京工商大学学报(自然科学版)，2004，22(3)：43-45.

[4]　付庆玲.人工幼儿脑的学习、认知和联想模型的研究[D].北京：北京工商大

学,2004.

[5] 涂序彦,等,智能管理[M].北京:清华大学出版社,1997.

[6] 周贤伟,马忠贵,涂序彦. 智能通信[M]. 北京:国防工业出版社,2009.1.

[7] 韩力群,涂序彦.可塑人工神经网络的模型研究[J].上海大学学报(自然科学版),2004,13(10):77-80.

第8章 类脑智能系统的应用研究

本章给出类脑智能系统的若干个应用实例。这些应用实例的共同特点是所处理的信息具有模糊性或不确定性。

8.1 类脑智能系统在烤烟烟叶分级系统设计中的应用

基于图像采样与处理的烤烟烟叶(以下简称烟叶)外观质量品级因素自动检测系统与基于智能模式识别的计算机辅助分级系统的研制是根据我国烟叶购销和烟厂生产需求提出的课题。

烟草行业在很多国家中都占有重要的经济地位。因此如何提高烟草制品的质量是当今烟草行业中的首要问题。对烟叶进行检验与分级是控制烟叶质量的重要手段之一。目前国内与国外对烟叶的检验与分级均采用人工方式,即主要靠检验者的视觉进行经验性的判定。这种方式不但伴随着大量人力、物力、财力的消耗,而且难以适应烟叶检测与分级标准不断细化和规范化的客观要求。因此,研究烟叶质量的合理表征参数及其提取方法和如何应用人工智能等高科技成果和计算机等工具辅助专家进行烟叶的分级以及专用自动化设备的开发,是迫切需要的。这些课题对制定和推行科学的烟叶分级标准,提高烟叶分级的水平与效率,仲裁烟叶质量纠纷,维护烟农、企业与国家利益都具有非常重要的意义。

烟叶分级标准是质量评定的依据,目前实行的42级烟叶分级标准根据烟叶外观特征先分组,后分级。第一分组因素为部位,即根据烟叶的外观特征(叶脉、叶形、叶面、叶厚、颜色)判断烟叶在烟株上的着生部位,着生部位共分下部(X)、中部(C)及上部(B)3个部位组。第二分组因素为颜色,按烟叶的颜色分颜色组,下、中部烟叶分为柠檬黄(L)、桔黄(F)两个颜色组,上部烟叶分为柠檬黄、桔黄及红棕(R)3个颜色组。分级因素包括成熟度、叶片结构、身份、油分、色度、长度、残伤共7项,根据这些因素可再将各个部位颜色组分成3～4级。

所有正常生长发育和烘烤形成的烟叶统称为主组烟叶，在烟叶生长、烘烤过程中形成的超限缺陷的烟叶称为副组烟叶。副组烟叶在烟叶总数中所占比例较小，价值较低，本文着重研究主组烟叶的分级问题，图 8.1 给出了主组烟叶的分组与分级体系。

主组烟叶共分 7 个组，各组的名称、代号及级别如下所述。下部柠檬黄 XL：1～4；下部桔黄 XF：1～4。中部柠檬黄 CL：1～3；中部桔黄 CF：1～3；上部柠檬黄 BL：1～4；上部桔黄 BF：1～4；上部红棕 BR：1～3；共 25 级。若考虑完熟组 HF 的两个级别，则共有 27 个级。

烟叶质量的表示规定：部位、等级、颜色。例如，C1F 表示中部桔黄 1 级烟。

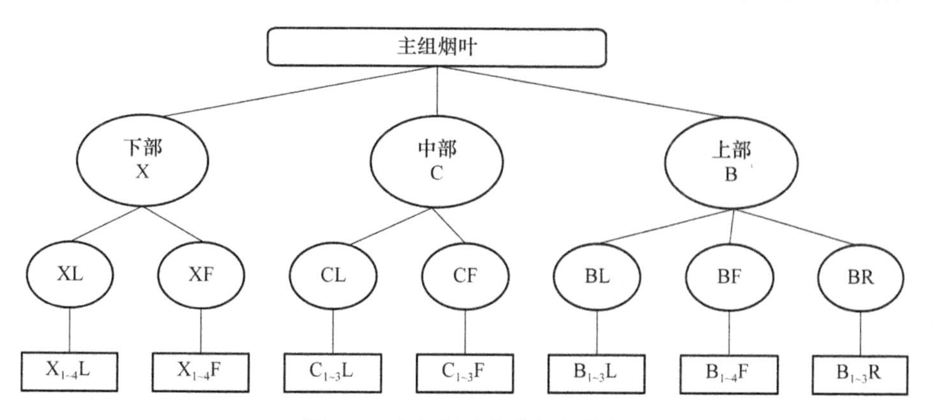

图 8.1　主组烟叶的分组与分级

8.1.1　烤烟烟叶计算机分级研究概况

烟叶的外观质量检测是对烟叶色调、成熟度、叶片结构、身份、油份、长度、残伤等特征进行综合评判的过程。由于烟叶评判因素多，判断指标模糊，因此与一般农产品的质量检测相比，烟叶的质量检测要复杂得多。自 1994 年起，我国全面推广 42 级新标准，这给采用计算机技术解决烟叶的检测与分级带来了新的难度。下面对国内外相关研究情况进行简要综述。

烟叶的检测与分级是农产品品质检测与分级中的一个重要分支。许多发达国家从 20 世纪 70 年代末期便开始尝试使用计算机图像处理、人工神经网络等技术对苹果、蔬菜等农产品进行检测与分选，目前已广泛渗透到水果、蔬菜和粮食等许多种类的农产品品质评价方面。但是由于烟叶的检测与分级具有上述复杂性，用仪器设备进行烟叶分级的难度较大，故有关研究很少。根据系统的文献检索结果来看，1984 年荷兰有关于烟叶中异物的探测及排除的报道；1985 年前苏联曾有过一则按烟叶颜色分级的电子系统的研究报道；美国有将图像处理应用于烟草及相关产品的报道，但以上几项报道均没有透露具体的研究方法。

目前，国内外都在开展此领域的研究工作。在人工智能、机器视觉、人工神经网络、模糊集合理论等研究领域均取得丰硕理论成果的学术背景下，综合应用计算机图像处理与智能模式识别等技术实现烟叶的特征提取与分级，已为该领域的研究提供了更有利的科学依据和技术支持。近十几年来，计算机视觉、人工神经网络等技术在烟叶品质检测与分级过程中的研究与应用取得了一定的进展。

1. 计算机视觉技术在烟叶检测与分级中的应用

国外利用计算机视觉等高新技术对农产品进行品质检测与分选的研究开始于20世纪70年代末期，从20世纪80年代后期开始逐步走向成熟。据有关报道，计算机视觉技术在烟叶的检测与分级领域的应用约开始于1984年。1988年，美国的Thomas C. E. 发表了一篇题为"Techniques of Image Analysis Applied to the Measurement of Tobacco and Related Products"的论文，提出将图像处理应用于烟草及相关产品。这表明研究人员已开始将计算机视觉的理论和技术应用于烟叶的品质检测与分级。此后，这一方面的研究又逐步取得了一些进展。1993年，津巴布韦大学的J. K. M. MacCormac在IEEE中发表了题为"On-line Image Processing for Tobacco Grading in Zimbabwe"的论文，设计了一个可用于实时烟叶分级的图像处理单元。1997年，CHO H. K. 和PAEK K. H. 发表了题为"Feasibility of Grading Dried Using Machine Vision"的论文，研究了如何利用机器视觉技术提取Burley tobacco leaves（伯莱种烟草，其纤细、淡色，主产地为美国肯塔基州）的形状、颜色等特征以对其进行分级。

2. 人工神经网络技术在烟叶自动检测与分级中的应用

人工智能技术主要研究如何用计算机模拟人脑具有的各种智能，从而实现人脑的一些功能。目前人工智能中最活跃的研究领域有人工神经网络、模糊集合理论及专家系统，而在烟叶分级领域应用较多的是人工神经网络。由于涉及烟叶分级的指标（如形状、颜色等方面的知识）都是非结构化的，因此适合于采用人工神经网络技术建立分级模型。

1994年，江苏理工大学的张建平博士完成了题为"数字图像处理在农产品质量检测中的应用——烟叶质量的自动分级"的博士论文，将图像处理与色度学运用于烟叶外观特征的提取和分析，并对采用人工神经网络等数学模型进行烟叶分级做了初步的探索和尝试。

1998年以来，北京工商大学的研究小组开展了烟叶质量特征提取的软硬件系统研制，建立了烟叶的标准数据库管理系统，并将人工神经网络技术用于烟叶成熟度的自动分级。

3 . 模糊集合技术在烟叶自动检测与分级中的应用

自2002年以来，北京工商大学的研究小组开始将模糊集合技术用于烟叶外观质量特征的描述及分组分级研究，提出应用图像处理技术提取烟叶质量特征参数，应用模糊统计技术确定特征参数对各组与各级的隶属度，以及应用模糊综合评判技术判定烟叶样本的组别与级别，并给出对云南产烟区烟叶样本的分级结果。

2002 年，北京工业大学张帆、张新红等人发表了论文“模糊数学在烟叶分级中的应用”。他们认为，“由于国家标准仅对烟叶的外观质量进行了定性描述，因此评判烟叶的质量存在很大的主观性和模糊性。模糊数学是一门研究和处理现实世界中广泛存在的一类模糊现象的学科。在应用计算机图像处理技术的基础上，利用模糊数学和模式识别的技术将有可能实现烟叶的自动分级。试验表明，应用模糊数学的方法，可以较好地解决烟叶自动分级问题”。

以上资料显示，无论是在国内还是国外，关于烟叶自动检测与分级的研究成果大体集中在检测阶段，研究重点主要都放在如何运用计算机视觉与图像分析处理技术对烟叶特征进行提取和分析上，并且在分组、分级方面进行了一些有益的探索，但取得的研究成果较少。已做的许多工作基本上处于理论探索与实验研究阶段，与实用化、商品化还存在着很大差距。

8.1.2　基于三中枢自协调类脑模型的烤烟烟叶分级系统总体方案设计

从信息处理的角度看，人类分级专家的分级过程是一种执行复杂模糊模式识别任务的智能信息处理过程，所采用的信息处理系统是人脑。而计算机烟叶辅助分级系统是一种具有一定类脑智能的信息处理机器，因此其信息处理的工作机制和功能均应从人类分级专家的信息处理中尽可能多地进行借鉴。

模糊模式识别的过程同一般的模式识别的过程是一致的，但又具有自己独特的特点和优点。这些特点和优点反映在模糊模式识别的每一个步骤中。

(1) 数据获取

采样的前端具有人类感觉(反映)的分辨能力，模糊模式主要反映在人脑对客体的特征在概念层的映像，即获取概念层次的语言标记。

(2) 特征提取

按照领域专家观察的焦点及其信息转换机理，将模式空间的低层信息转换并描述为专家认识中概念层的特征，即目标类属特征在其头脑中的客观反映。这样的特征应具有典型性、稳定性和可靠性。

(3) 分类

模糊模式分类从一开始就针对问题论域中客观存在的、用自然语言表达的不确定性进行系统的处理，模拟人类的智能处理特性，具有充分的冗余性。

(4) 模糊模式识别

常常是将少量样本训练的结果与专家经验估计信息相融合从而将其作为分析

确定的依据。从是否有先验知识(即训练样本)的角度来看,烟叶的自动检测与分级属于有监督分类。在有监督分类的模式识别系统中,学习是一个非常重要的环节,烟叶分级系统的技术方案充分挖掘和利用尽可能多的已知类别的样本模式和先验信息,由此构造出能够通过自动学习不断积累经验的类比判别模型。

在烟叶人工分级的信息处理过程中,涉及的主要智能信息处理问题如下:

(1) 烟叶视觉信息处理;

(2) 基于自然语言的特征描述;

(3) 模糊模式识别;

(4) 专家分级经验与规则的灵活运用;

(5) 联想与规则的融合;

(6) 对手、眼等感觉器官的控制。

而在三中枢自协调类脑模型中,3 个中枢及其协调机制可提供对上述问题的全部解决方案。方案与问题的对应关系如表 8.1 所示。

表 8.1　方案与问题的对应关系

待解决的问题	三中枢类脑模型提供的解决方案
实现分级专家对烟叶视觉信息的处理功能	感觉中枢的视觉信息处理系统
实现分级专家大脑皮层的思维功能,包括对烟叶样本的联想、识别等具有右脑形象思维特点的信息处理,以及根据分级规则进行推理判断等具有左脑逻辑思维特点的信息处理	思维中枢负责从烟叶特征及专家分级结果中发现和学习隐含的规律、提取规则、积累经验。作为形象思维部分的右脑模型负责被测烟叶的模式匹配;作为逻辑思维部分的左脑模型负责基于规则的推理
烟叶分级的人工操作	行为中枢控制的烟叶图像采集系统
眼(信息获取)、脑(信息处理)、手(指令执行)的协调	多中枢协调及人工胼胝体的左、右脑协调

综上,总体技术方案如图 8.2 所示。从技术路线看,本技术方案采取的是多类型技术综合集成、结构模拟同功能模拟优势互补、借鉴人脑高级神经中枢简化体系结构的仿人脑系统的技术路线,在此基础上提出并设计实现了一种旨在模拟、借鉴和利用烟叶分级专家信息处理的过程和功能的计算机智能烟叶分级信息处理系统。该系统具有学习与记忆、判断与推理、分级决策等多种思维功能,以及图像自动采集、上下位机通信等协调与控制功能。

烟叶计算机检测与辅助分级系统从功能上可分为烟叶图像自动采集(运动中枢控制下的视觉信息获取)、烟叶特征提取(感觉中枢的视觉信息处理)、多库协同的烟叶信息管理(人工胼胝体)和烟叶分组分级(思维中枢功能)4 个子系统。烟叶信息采集子系统获取标准光源下的烟叶图像,为烟叶特征提取提供准确的原始信

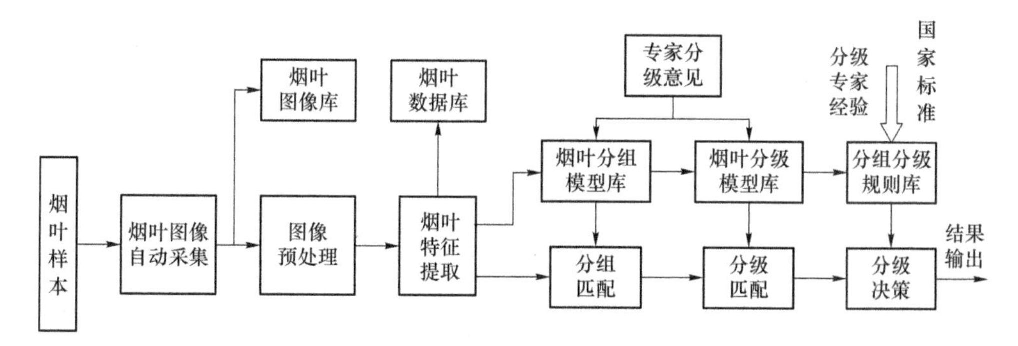

图 8.2　系统总体技术方案

息。烟叶特征提取子系统对烟叶图像进行处理与分析，为烟叶信息管理系统和烟叶分组分级系统提供关键数据。烟叶信息管理子系统负责烟叶数据库、分组分级模型库的建立、维护、管理和协调工作，以存放用于分析判断烟叶级别所需的各种数据和参数，并协调分组分级过程。烟叶分组分级子系统完成学习、建模及判别任务。

烟叶计算机检测与辅助分级系统的运行分为学习和工作两个阶段。在学习阶段，系统对经过分级专家鉴定的标准烟叶样本进行图像采集、预处理和特征提取，并建立各类图像库、数据库、模型库和规则库。在工作阶段，系统对未知组别和级别的烟叶样本进行图像采集、预处理和特征提取，并调用分组分级模型和推理规则进行烟叶的模式匹配和分组分级判决。

8.1.3　基于感觉中枢的烤烟烟叶外观质量检测系统设计

1. 人工视网膜机器视觉模型的应用

第 3 章讨论了人工视网膜的两种实现方案。烟叶图像采集系统采用了其中的机器视觉模型作为视觉信息获取方案，负责从功能上（而不是从机制上）实现对烟叶样本视觉信息的获取，如图 8.3 所示。人工视网膜系统输出的视觉信息即采用图像处理与分析技术获得的烟叶的品质因素，包括颜色、形状、尺寸、残伤率、厚度等十几个参数。这些表征烟叶外观质量的信息作为特征向量平行地投射到中继视觉信息处理环节做进一步处理。

图 8.4 给出烟叶智能分级系统的软件流程。其中图像处理与特征提取模块属于感觉中枢的人工视网膜部分。研究工作中应用色度学理论与图像处理技术对烟叶颜色、形状、结构等 3 类特征提取了多种参数，并对各个参数对分组与分级的影响进行了深入研究，简要介绍如下。

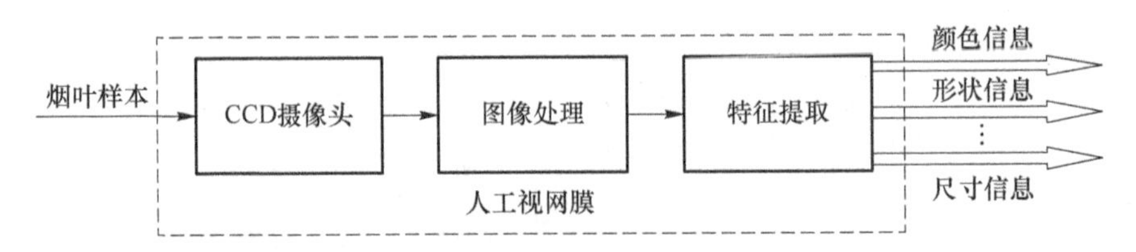

图 8.3　烟叶图像检测系统

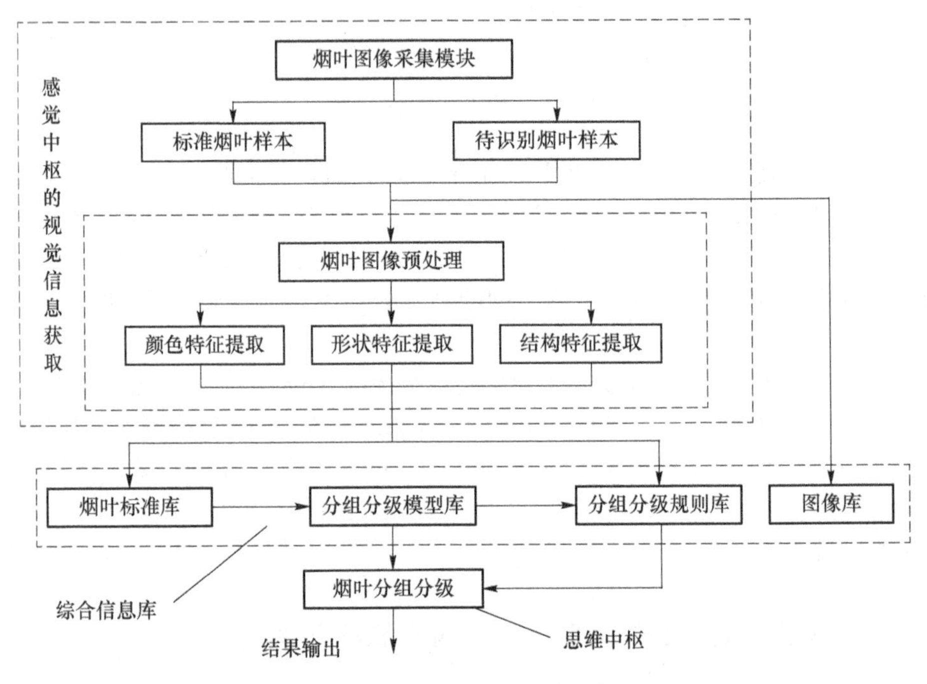

图 8.4　烟叶智能分级系统的软件流程

(1) 颜色特征提取

烟叶颜色在分组中起着非常重要的作用，其有关特征与分组关系密切。为模拟人眼对烟叶颜色的感觉，选用了色度学系统中的 HLS 颜色模型，根据烟叶样本图像计算出描述烟叶颜色的 6 个特征值，即色调均值 H、饱和度均值 S、亮度均值 L，以及色调标准差、饱和度标准差及亮度标准差，系统界面如图 8.5 所示。

(2) 形状特征提取

烟叶叶片的形状特征与其生长部位关系密切。研究中采用轮廓跟踪算法对烟叶的蓝体图像外形轮廓进行提取，采用链码表示法进行描述。在获取烟叶轮廓的链码表示之后，可以利用链码进行烟叶形状特征的计算，如烟叶长度 L、宽度 W、宽长比 V、面积 S、圆度 R、叶尖角 T 及残伤率 K 等，系统界面如图 8.6 所示。

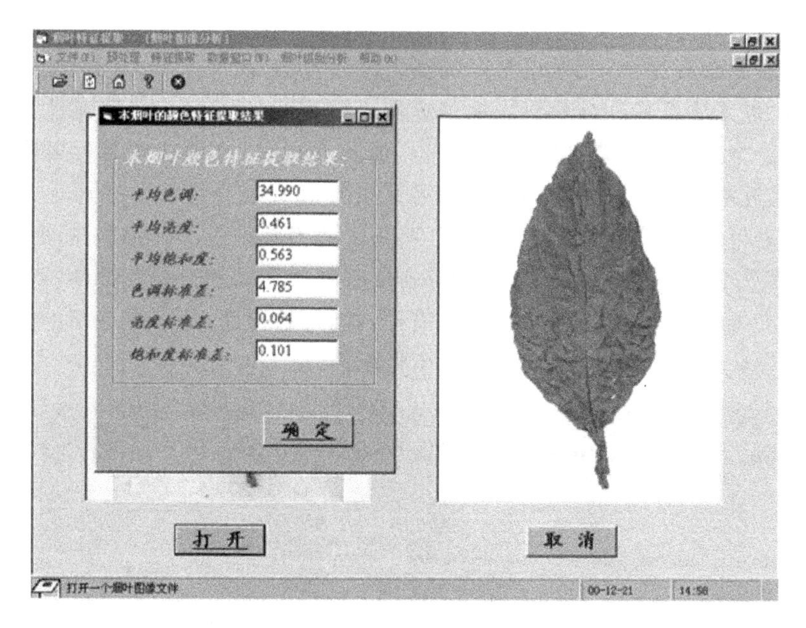

图 8.5　颜色特征提取

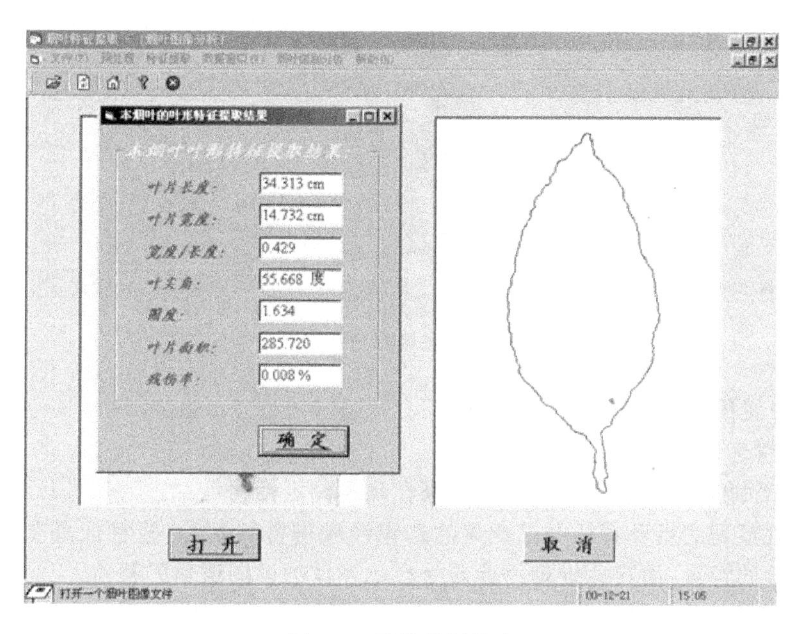

图 8.6　形状特征提取

(3) 结构特征提取

烟叶的结构特征包括叶片的厚度、叶质的疏密程度或单位面积的重量等特征，这些特征与烟叶的成熟度相关。烟叶分级标准中对这些特征的定义较为含糊，且叶片结构属于微观特征，无法用常规的视觉方法检测，而厚度特征因无法通过视觉辨别，从而也无法直接从计算机图像中提取。研究中通过烟叶的透光性能对叶片结构和身份特征进行综合提取。对同一片烟叶采样时，分别获取其反射图像和透射图像，通过对比同一叶片的两种图像可分析计算其透光性能。采用上述方法对烟叶样品进行实验，实验数据表明，烟叶叶片的透光性能既与其细胞排列的疏密相关，又与其平均厚度相关，因而可作为综合反映叶片结构和身份特征的特性指标。

对标准烟叶样本进行特征提取后，需存入烟叶数据库，为思维中枢的学习和规则提取提供数据，相关系统界面如图 8.7 所示。

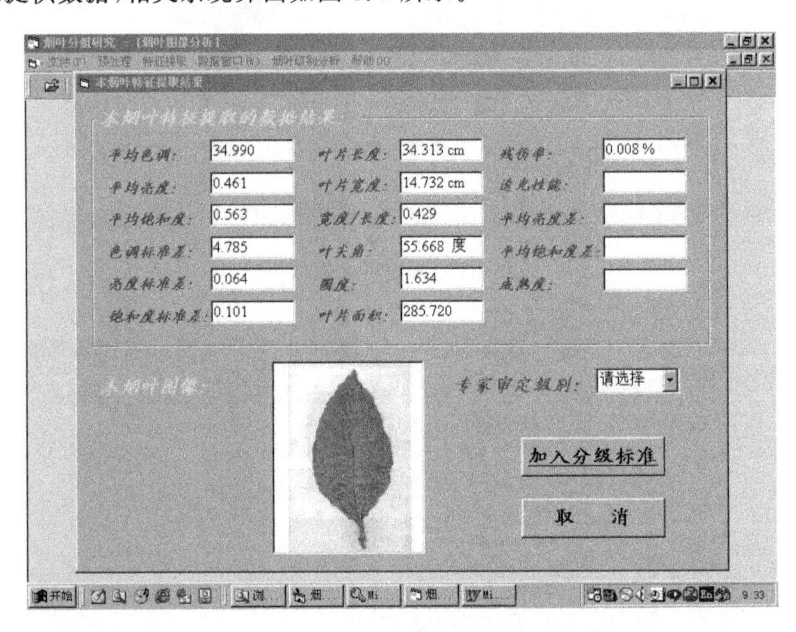

图 8.7　建立烟叶分级数据库

2. 中继视觉信息处理环节的应用

(1) 精确量的模糊化

人的智能表现在善于处理具有模糊性和不确定性的信息。人工进行烟叶分级时，根据观察到的烟叶特征和已积累的知识经验进行判断，这些特征具有定性、不精确、模糊的特点，而这些推理经验具有亦此亦彼的模糊逻辑的特点。

实际上，烟叶分级标准中对烟叶的各种品质因素均采用了自然语言描述，如颜色用柠黄、桔黄、红棕描述，成熟度用完熟、成熟、尚熟、欠熟、假熟描述，厚度用厚、稍厚、稍薄描述。这种自然语言具有定性、不精确及外延模糊的特点，特别适合于用模糊集合进行描述，将这一数学工具与模式识别技术相结合形成的模糊识别技术应用于烟叶的分级，可有效地模拟人工识别与分级的技术和经验，从而很好地解决烟叶分级这一类模糊性很强的问题。但由于烟叶图像检测系统输出的特征值为精确量，为模拟人工分级的经验必须将精确的特征参数模糊化，即建立各参数对各组别与各级别的隶属函数，因此需利用中继视觉信息处理环节完成这一任务。

① 隶属函数的建立

建立隶属函数是在系统学习阶段完成的。根据分级体系的规定，共选择了 27 个模糊子集，其对应于 27 个分级。应用多相模糊统计法确定各参数对特定模糊子集的隶属函数，下面以 3 相模糊统计法为例进行说明。

设 $P_3=\{B,C,X\}$ 是 3 个模糊子集的集合，分别表示烟叶分组的 3 个模糊部位概念：上部 B、中部 C 和下部 X；U 为某特征参数的基本论域。如将每片烟叶的人工定级结果都看作一次模糊试验的抽样调查结果，则对每一次试验都确定了一个映射：

$$e:U \to P_3=\{B,C,X\}$$

该映射确定了对论域 U 的一次划分，而每次划分确定了一对随机数(ξ,η)，其中 ξ 为上部和中部的分界点，而 η 为中部和下部的分界点。反之，当给定(ξ,η)时，便确定了映射 e，分出了上、中、下 3 个部位，从而使模糊概念明确化。因此可将 3 相模糊试验转变为对二维随机变量(ξ,η)的随机试验。

设(ξ,η)是满足 $P(\xi\leqslant\eta)=1$ 的连续随机变量，对于(ξ,η)的每一次取点，都确定了一个映射

$$e(\xi,\eta):R \to P_3=\{B,C,X\}$$

其中

$$e(\xi,\eta)(u)=\begin{cases}B, & u\leqslant\xi \\ C, & \xi<u\leqslant\eta \\ X, & \eta<u\end{cases}$$

则由此 3 相模糊统计试验所确定的某参数的 3 相隶属函数为

$$B(u)=\int_u^{+\infty}P_\xi(x)\mathrm{d}x$$

$$C(u)=\int_{-\infty}^{u}P_\eta(x)\mathrm{d}x$$

$$X(u)=1-B(u)-C(u)$$

其中 $P_\xi(u)$和 $P_\eta(u)$分别是 ξ 和 η 的分布密度函数。

如果对于任意元素 $u\in U$ 进行了 n 次试验，则 $P_\xi(u)$应等于 ξ 落在区间$(u,u+\Delta u)$的频率除以区间长度 Δu。因此，有

$$P_{\xi}(u)=\frac{\xi\in(u,\Delta u)\text{ 的次数}}{n\Delta u}$$

而 $\xi\in(u,u+\Delta u)$意味着 $u\leqslant\xi$,即有 $u\in B$。因此当对 $P_{\xi}(u)$在$(u,+\infty)$区间积分时,仍有 $u\leqslant\xi$,相当于累计 $u\in B$ 的次数,从而有

$$B(u)=\frac{\xi\in(u,+\infty)\text{的次数}}{n}=\frac{u\in B\text{ 的次数}}{n}$$

其中 $u\in B$ 的次数就是对烟叶属于上部子集的人工判定次数。对于所有参数均可用上述方法确定其对各子集的隶属函数。

对于有 27 个模糊子集的情况来说,需要用 27 相模糊统计法确定各参数的隶属函数,具体方法与 3 相模糊统计法类似。

② 隶属函数的神经网络模型

在样本数足够多的情况下,用模糊统计法建立的表格形式的隶属函数比较准确,但难以用解析式进行描述。若利用模糊统计法得到的结果作为训练样本集,对多层前馈神经网络进行训练,可较好地实现任意非线性隶属函数,并具有较好的泛化能力。

图 8.8 给出烟叶分级系统的中继视觉信息处理环节的神经网络实现。中继信息处理环节中为每个烟叶特征值设计了一个 3 层前馈网,网络具有单输入节点和 27 个输出节点,隐层节点数与隶属函数的非线性相关。若烟叶分级时需要 15 个特征参数,则需分别建立 15 个参数对 27 个模糊子集的隶属函数,即共有 15×27=405 个隶属函数。而用神经网络实现时,只需要设计 15 个类似的网络,每个网络可同时记忆 27 个隶属函数。

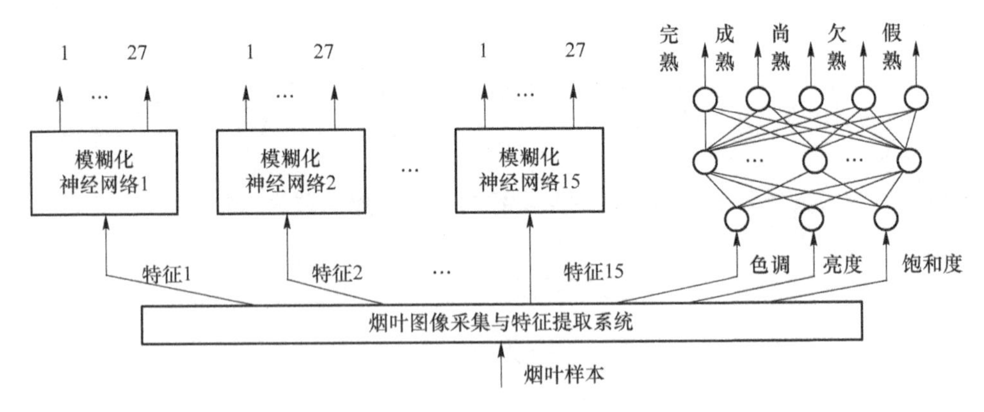

图 8.8 烟叶分级系统的中继视觉信息处理环节

在系统工作阶段,采用隶属函数神经网络对输入的精确量进行模糊化处理,经过 1 次前向计算后,即可在各网络的输出层得到各特征值对各主组的隶属度,从而将精确量转换成模糊量。图 8.9 给出烟叶特征值对各主组的隶属度。

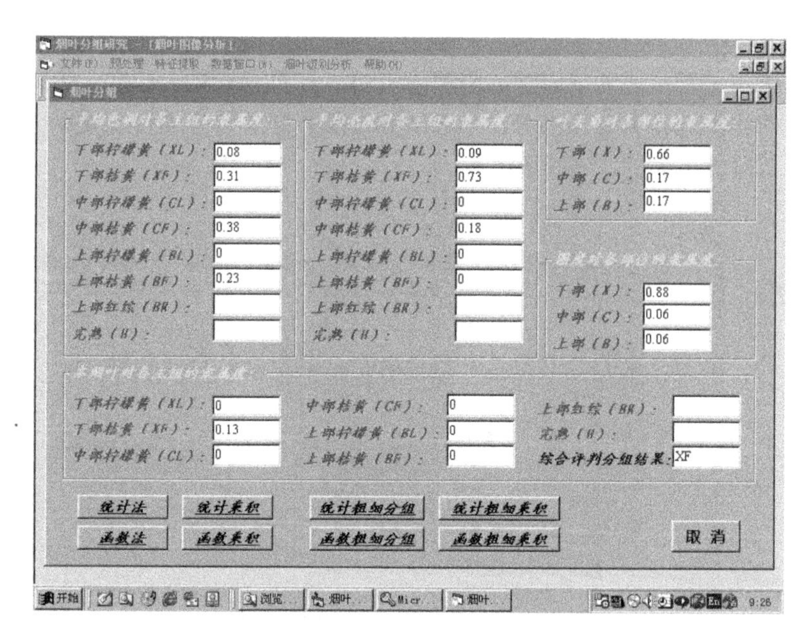

图 8.9　烟叶特征值对各组的隶属度

(2) 信息的非线性整合

在 40 级烤烟标准中，成熟度是烟叶分级品质因素中的重要因素。人工分级时，主要根据分级人员对烟叶颜色的感觉进行成熟度的判断。

颜色是因色素的存在而产生的，随各种色素在烟叶中比例的不同而形成不同颜色，而不同颜色则随着烟叶成熟度的增加而变化。烟叶色素主要由叶绿素、叶黄素和类胡萝卜素组成。随着烟叶成熟度的增加，叶绿素功能减退并逐渐降解至破坏消失，同时叶黄素和类胡萝卜素因叶绿素的掩盖破坏被解除而得以显现，这些变化的结果使烟叶的颜色由绿色逐渐转黄。因此，在同等条件下，烟叶颜色不同就意味着烟叶成熟度不同。

依据烟叶分级标准，成熟度分为完熟、成熟、尚熟、欠熟及假熟 5 类；烟叶颜色则由色调、饱和度和亮度 3 种特征来描述。据此可认为成熟度是对颜色特征进行信息整合的综合指标，这种非线性信息的整合由神经网络实现。

8.1.4　基于思维中枢的烤烟烟叶分组分级系统设计

烟叶分级人员根据国家规定的烟叶分级标准对烟叶外观质量进行评价，这是人脑对其做出识别和判断的过程，即模式识别和模糊推理过程。人工进行烟叶分组分级时，根据眼睛观察到的烟叶特征和已积累的知识经验进行推理判断，而这些特征和经验都存储在经过长期实践训练的分级人员的头脑中。人工分组分级时其信息处理过程如下：根据观察得到的烟叶特征(模糊量)，先通过联想记忆和直觉与头脑中的模式进行模式匹配，再通过调用相关的知识和模糊规则进行模糊推理，对模式匹配的结果进行调整。图 8.10 给出采用思维中枢模型进行上述信息处理时的烟叶分组分级系统的实现方案。

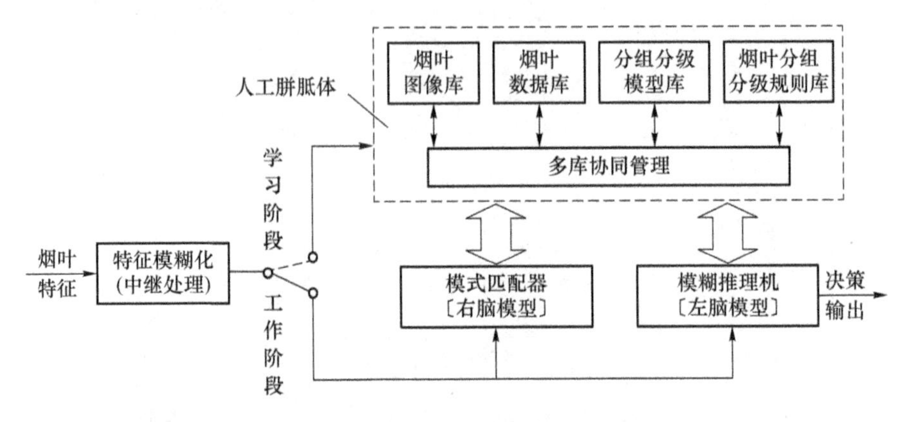

图 8.10　烟叶分组分级系统的实现

图 8.10 中虚线框内的人工胼胝体模型负责对模式匹配器和模糊推理机进行协调，并对由烟叶图像库、烟叶数据库、分组分级模型库和烟叶分组分级规则库构成的综合信息库进行统一的协同管理。在学习阶段，系统通过对大量烟叶样本的统计学习建立烟叶分组分级的模型库和规则库；在工作阶段，系统通过模式匹配器进行类似于经验的、直觉的模式分类，通过模糊推理机进行由知识和规则指导的综合判断或确认。

8.1.5　基于行为中枢的烤烟烟叶图像自动检测系统设计

光机电一体化的烟叶图像自动检测设备由标准光源子系统、图像采集与传输子系统、机械光源切换子系统、单片机控制子系统和通信子系统等 5 个子系统构成。光机电一体化技术是自动化设备的一种高级形式，从目前查新检索情况看，本论文工作研制的基于光机电一体化技术的图像检测自动检测专用设备属于首创，尚未发现相同用途的同类产品。两年多来，经 3 万多次采样验证，该设备操作方便，稳定可靠。

在烟叶图像自动检测系统中，采用了第 6 章提出的行为中枢的设计方案，对应的技术模型如图 8.11 所示。其中，基于光机电一体化技术的检测设备对应于系统调控的最低水平结构，当它与上位机中的大脑皮层(思维中枢)的联系被切断后仍能完成多种动作。单片机实现的功能对应于脑干的运动调控功能，系统所有动作指令的下行通道都起源于此。上位机执行小脑和大脑皮层的功能，并和单片机以通信方式进行联系。

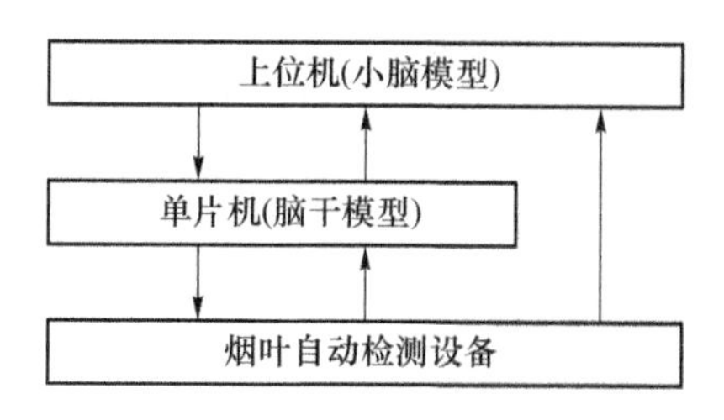

图 8.11　烟叶自动检测系统

8.1.6　与同类系统的对比分析

国内有关研究报道主要来自两个研究群体：一个是江苏理工大学课题组；另一个是北京工商大学课题组。

1. 与同类系统研究工作的比较

1996 年至 1997 年，张建平等人在农业工程学报上连续发表了两篇研究论文(本章参考文献[11]、[12])，将图像处理与色度学运用于烟叶外观特征提取和分析，并对采用人工神经网络等数学模型进行烟叶分级做了初步的探索。从检索到的近年公开发表的论文来看，该研究团体的主要工作仍然是利用图像处理技术和人工神经网络技术(论文中称计算机视觉技术)开发烟叶质量分选系统。该系统对烟叶图像提取 180 个参数，对采集系统进行定标，控制感光度，并对多个地区的烟叶进行学习和分类。在去除了标准样本中奇异样本的情况下，检测准确率均在 80%以上。

1998 年以来，本书作者领导的北京工商大学信息工程学院的研究小组先后得到中国烟叶生产购销总公司、北京市教委、教育部以及国家烟草专卖局等部门的资助，陆续完成了“烤烟烟叶质量特征提取的系统研制”“烤烟烟叶的标准数据库管理系统”以及“烤烟烟叶计算机自动检测与辅助分级系统”等多项研究课题，随着多中枢自协调仿人脑智能系统的全面应用，烤烟烟叶计算机自动检测与辅助分级系统的智能分级水平不断提高。作者的主要工作成果下：

(1) 用图像处理技术提取了烟叶品质因素，开发了相应的应用系统，提取的品质因素如下。

① 颜色因素。其包括：

- 色调平均值、饱和度平均值、亮度平均值；
- 色调标准差、饱和度标准差、亮度标准差；

- 色调分布直方图、饱和度分布直方图、亮度分布直方图；
- 红、绿、蓝三基色灰度(各单色灰度等级为 256 级)；
- 红色标准差、绿色标准差、蓝色标准差；
- 红色分布直方图、绿色分布直方图、蓝色分布直方图。

② 形状尺寸因素。其包括：

- 叶圆度、叶宽长比、叶尖角；
- 烟叶宽度、长度、面积(测量误差<1%)。

③ 残伤率因素(测量误差<1%)。

④ 结构身份因素，即烟叶平均厚度指数。

(2) 建立了烟叶数据库和分级知识库，开发了相应的数据库管理系统。

(3) 应用多因素模糊综合评价技术对烟叶进行了自动分级。

(4) 系统具有通用性与学习能力，能够对各烟叶产区的不同样本具有普遍的适用性且具有学习积累分级经验的能力。

(5) 单片机控制的光机电一体化的烤烟烟叶图像自动检测专用设备可在 12 s 内完成反射、透射及反射+透射 3 种图像的检测，检测设备与上位机图像处理系统通过 R232 口通信连接。

(6) 计算机分组结果与专家分组结果的平均一致率达到 85%。

2. 与同类系统技术路线的对比

从采用的技术路线和技术方案来看，本系统与其他同类系统有较大的区别，主要表现在以下几个方面。

(1) 区别 1

本系统的整体设计基于三中枢自协调类脑模型，对人工分级专家进行分级的全过程进行模拟，强调形象思维功能与逻辑思维功能的协调互补；而其他系统仅仅进行视觉特征提取和神经网络识别。

(2) 区别 2

本系统采用基于行为中枢控制结构的单片机控制基于光机电一体化技术研制的图像采集自动化专用设备，采集烟叶图像的速度快，自动化程度高，可在 12 s 内自动采集 3 种不同光照条件的反射与透射图像；而其他系统采用的是手动操作。

(3) 区别 3

本系统采用基于人工胼胝体概念的多库协同等智能信息管理技术建立了烟叶综合信息库及其管理系统，包括烟叶标准数据库、烟叶图像库、烟叶分组分级模型库以及烟叶分组分级规则库；而其他系统未涉及综合信息库及智能管理技术。

(4) 区别 4

本系统采用基于思维中枢左、右脑模型的有关理论、方法和技术研究烟叶分级专家知识及经验的获取和表达方法，建立烟叶分组分级的智能推理模型；人工神经网络用于对综合性指标与其他特征因素的相关性研究及联想与模式识别，而非直接用于烟叶分级。从作者对人工神经网络的知识以及历时 4 年的研究实践看，认为采用基于 BP 算法的神经网络对 180 个输入参数进行几十个级别的分类，是不可取的。

(5) 区别 5

本系统应用模糊统计技术确定特征参数对各组与各级的隶属度，以及应用综合评判技术判定样本的组别与级别等方法；而其他研究只是指出"利用模糊数学和模式识别的技术，将有可能实现烟叶的自动分级。试验表明，应用模糊数学的方法，可以较好地解决烟叶自动分级问题"，而未给出实际的研究结果。相比之下，本系统的研究工作进展更为深入，内容更为具体，并已对来自 11 个产烟区的 2 万余片烟叶样本进行了分级，使之达到人工分级水平。本章参考文献[17]对利用模糊数学和模式识别技术实现烟叶自动分级的方案进行了充分肯定，恰好可作为对本系统技术方案相关内容的肯定。

8.1.7　烤烟烟叶分级系统的实验结果

2002 年以来，我们对来自不同烟叶产区的 2 万多片烟叶样本进行了图像检测与分级，表 8.2 中列出 27 批样本的情况。

表 8.2　2002 年至 2004 年测试记录一览

检测日期	检测地点	样本产地	样本数量/片
020327	北京工商大学	广西	579
020405	北京工商大学	广西南宁	696
020413	北京工商大学	广西	528
020420	北京工商大学	广东	763
020430	北京工商大学	湖南	809
020802	北京工商大学	云南曲靖	397
020805	北京工商大学	湖南	657
020807	北京工商大学	湖南	651
010815	北京工商大学	湖南	649
020817	北京工商大学	湖南	425
030127	北京工商大学	广东南雄	414
030222	北京工商大学	云南	1 376
030601	北京工商大学	广西	272
030708	北京工商大学	云南	737

续 表

检测日期	检测地点	样本产地	样本数量/片
030924	北京工商大学	贵州毕节	1 205
030926	北京工商大学	贵州毕节	1 206
030928	北京工商大学	广东南雄	1 201
030928	北京工商大学	广东南雄	1 226
040327	湖南长沙	辽宁凤城	402
040327	湖南长沙	重庆武隆	619
040328	湖南长沙	湖南长沙	677
040421	北京工商大学	湖南长沙	637
040514	北京工商大学	广东	353
040514	北京工商大学	广西	323
040514	北京工商大学	湖南	295
041004	北京工商大学	云南曲靖	4 119
041030	北京工商大学	云南曲靖	1 712
合计样本数	共 27 批样本,样本总数为 22 928,一批样本平均约 849 片		

随着三中枢自协调类脑智能系统的全面应用,分级系统的方案不断修改完善,系统的智能水平也显著提高。下面给出 2002—2004 年 6 批样本的分组分级结果如表 8.3～8.8 所示。

表 8.3　样本来源:广西(分级时间:020413)

内容	识别总数	识别正确数	与专家的一致率
分组	443	290	65.46%
分级	290	239	82.41%
L 组	210	201	95.71%
F 组	201	144	71.64%
R 组	32	25	78.13%
X 组	160	129	80.63%
C 组	111	49	44.14%
B 组	172	147	85.47%
HF 组	0	0	0
XL 分组	76	68	89.47%
XF 分组	84	37	44.05%
CL 分组	53	25	47.17%

续 表

内容	识别总数	识别正确数	与专家的一致率
CF 分组	58	21	36.21%
BL 分组	81	56	69.14%
BF 分组	59	58	98.31%
BR 分组	32	25	78.13%
HF 分组	0	0	0
XL 分级	68	46	67.65%
XF 分级	37	31	83.78%
CL 分级	25	19	76.00%
CF 分级	21	19	90.48%
BL 分级	56	53	94.64%
BF 分级	58	46	79.31%
BR 分级	25	25	100.00%
HF 分级	0	0	0

表 8.4　样本来源:湖南(分级时间:020430)

内容	识别总数	识别正确数	与专家的一致率
分组	568	418	73.59%
分级	418	341	81.58%
L 组	274	245	89.42%
F 组	234	202	86.32%
R 组	60	53	88.33%
X 组	202	161	79.70%
C 组	143	110	76.92%
B 组	223	179	80.27%
HF 组	0	0	0
XL 分组	110	90	81.82%
XF 分组	92	56	60.87%
CL 分组	83	47	56.63%
CF 分组	60	55	91.67%
BL 分组	81	40	49.38%
BF 分组	82	77	93.90%
BR 分组	60	53	88.33%

续 表

内容	识别总数	识别正确数	与专家的一致率
HF 分组	0	0	0
XL 分级	90	66	73.33%
XF 分级	56	45	80.36%
CL 分级	47	34	72.34%
CF 分级	55	42	76.36%
BL 分级	40	35	87.50%
BF 分级	77	74	96.10%
BR 分级	53	45	84.91%
HF 分级	0	0	0

表 8.5　样本来源:广东南雄(分级时间:030127)

内容	识别总数	识别正确数	与专家的一致率
分组	414	318	76.81%
分级	318	254	79.87%
L 组	141	132	93.62%
F 组	235	221	94.04%
R 组	38	34	89.47%
X 组	155	109	70.32%
C 组	109	94	86.24%
B 组	150	131	87.33%
HF 组	0	0	0
XL 分组	61	39	63.93%
XF 分组	94	63	67.02%
CL 分组	28	23	82.14%
CF 分组	81	70	86.42%
BL 分组	52	34	65.38%
BF 分组	60	55	91.67%
BR 分组	38	34	89.47%
HF 分组	0	0	0
XL 分级	39	34	87.18%
XF 分级	63	48	76.19%
CL 分级	23	20	86.96%

续 表

内容	识别总数	识别正确数	与专家的一致率
CF 分级	70	53	75.71%
BL 分级	34	22	64.71%
BF 分级	55	48	87.27%
BR 分级	34	29	85.29%
HF 分级	0	0	0

表 8.6　样本来源:广西(分级时间:030601)

内容	识别总数	识别正确数	与专家的一致率
分组	226	179	79.20%
分级	179	163	91.06%
L 组	105	100	95.24%
F 组	113	93	82.30%
R 组	8	7	87.50%
X 组	72	48	66.67%
C 组	85	85	100.00%
B 组	69	58	84.06%
HF 组	0	0	0
XL 分组	33	26	78.79%
XF 分组	39	17	43.59%
CL 分组	37	35	94.59%
CF 分组	48	44	91.67%
BL 分组	35	28	80.00%
BF 分组	26	22	84.62%
BR 分组	8	7	87.50%
HF 分组	0	0	0
XL 分级	26	24	92.31%
XF 分级	17	15	88.24%
CL 分级	35	30	85.71%
CF 分级	44	38	86.36%
BL 分级	28	28	100.00%
BF 分级	22	21	95.45%
BR 分级	7	7	100.00%
HF 分级	0	0	0

表 8.7 样本来源:广东(分级时间:040514)

内容	识别总数	识别正确数	与专家的一致率
分组	353	288	81.59%
分级	288	220	76.39%
L组	151	147	97.35%
F组	184	179	97.28%
R组	18	18	100.00%
X组	130	105	80.77%
C组	104	78	75.00%
B组	119	110	92.44%
HF组	0	0	0
XL分组	56	46	82.14%
XF分组	74	58	78.38%
CL分组	52	35	67.31%
CF分组	52	42	80.77%
BL分组	43	35	81.40%
BF分组	58	54	93.10%
BR分组	18	18	100.00%
HF分组	0	0	0
XL分级	46	30	65.22%
XF分级	58	36	62.07%
CL分级	35	25	71.43%
CF分级	42	33	78.57%
BL分级	35	32	91.43%
BF分级	54	46	85.19%
BR分级	18	18	100.00%
HF分级	0	0	0

表 8.8 样本来源:云南曲靖(分级时间:041030)

内容	识别总数	识别正确数	与专家的一致率
分组	1712	1468	85.75%
分级	1468	1264	86.10%
L组	826	784	94.92%
F组	886	804	90.74%

续 表

内容	识别总数	识别正确数	与专家的一致率
R 组	0	0	0
X 组	592	545	92.06%
C 组	491	427	86.97%
B 组	629	595	94.59%
HF 组	0	0	0
XL 分组	263	225	85.55%
XF 分组	329	269	81.76%
CL 分组	243	200	82.30%
CF 分组	248	223	89.92%
BL 分组	320	276	86.25%
BF 分组	309	275	89.00%
BR 分组	0	0	0
HF 分组	0	0	0
XL 分级	225	200	88.89%
XF 分级	269	230	85.50%
CL 分级	200	168	84.00%
CF 分级	223	194	87.00%
BL 分级	276	239	86.59%
BF 分级	275	233	84.73%
BR 分级	0	0	0
HF 分级	0	0	0

从表中可以看出，随着时间的推移，系统分组分级的智能水平在不断提高。到 2004 年年底，我们将三中枢自协调类脑智能系统的主要成果全部用于烟叶分组分级系统，表 8.8 的数据表明，系统对各组别各级别的判断水平得到均衡的整体提高。

8.2　感觉中枢的类脑模型在皮革智能配皮系统中的应用

8.2.1　皮革智能配皮系统方案设计

皮革配皮是皮革成衣生产中的一道重要工序，由有经验的配皮工人根据天然皮革的颜色、纹理等因素将感官效果接近的皮料挑选出来放在一起,作为制作同一件皮衣的原料,以保证制成的皮衣外观效果尽量一致。人工配皮的主要缺点:一是配皮工的劳动强度大,工作效率低;二是配皮的结果与配皮工的个人经验密切相关,而且环境光线的变化会对配皮结果造成影响。

为了提高皮革服装的生产效率与质量,降低工人劳动强度,应考虑采用机器视觉与模式识别技术对皮革外观效果进行自动聚类。然而,由于皮革颜色纹理复杂和聚类规则模糊,因此传统的模式识别方法难以胜任。

本节采用第 4 章提出的视觉信息处理系统模型,从皮革图像中提取 3 个颜色特征(如图 8.12 所示)和 3 个纹理特征(如图 8.13 所示);6 个特征由中继层传至视皮层,两层之间的权值调整采用第 4 章提出的改进 SOFM 算法,SOFM 算法能在输入-输出映射中保持输入(颜色纹理)空间的拓朴特性,从而使其相邻聚类神经元所对应的颜色纹理模式类子空间也相邻,这一特点非常适合于皮革配皮这类应用。

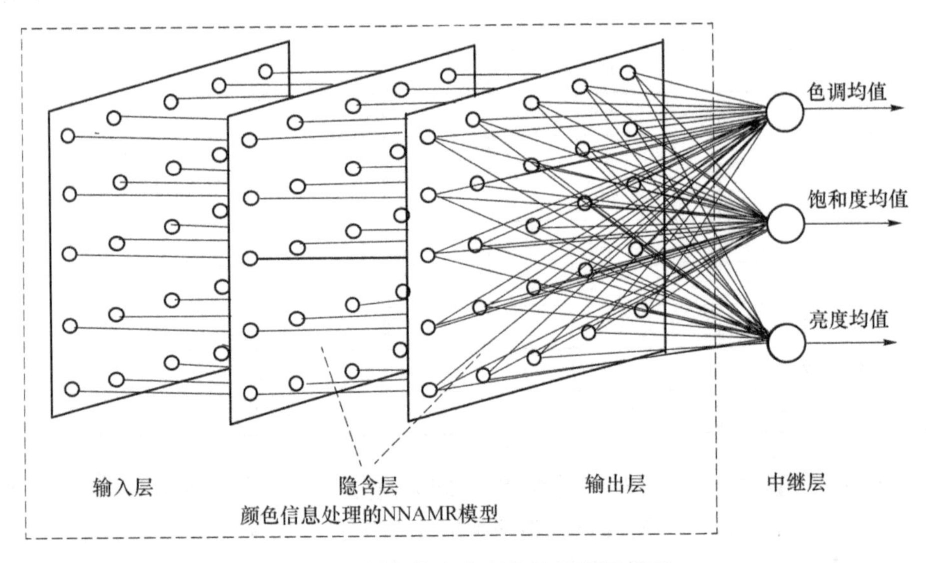

图 8.12　颜色信息处理的神经网络模型

8.2.2　皮革纹理聚类设计

1. SOFM 网络初始权向量设计

训练前各个神经元权向量须赋以初始值,常用的做法是以小随机数赋初值。但皮革颜色与纹理的分类子空间在整个高维样本空间中相对集中,而以随机数对权向量赋初值的结果是使其随机地分布于整个高维样本空间。由于 SOFM 网络

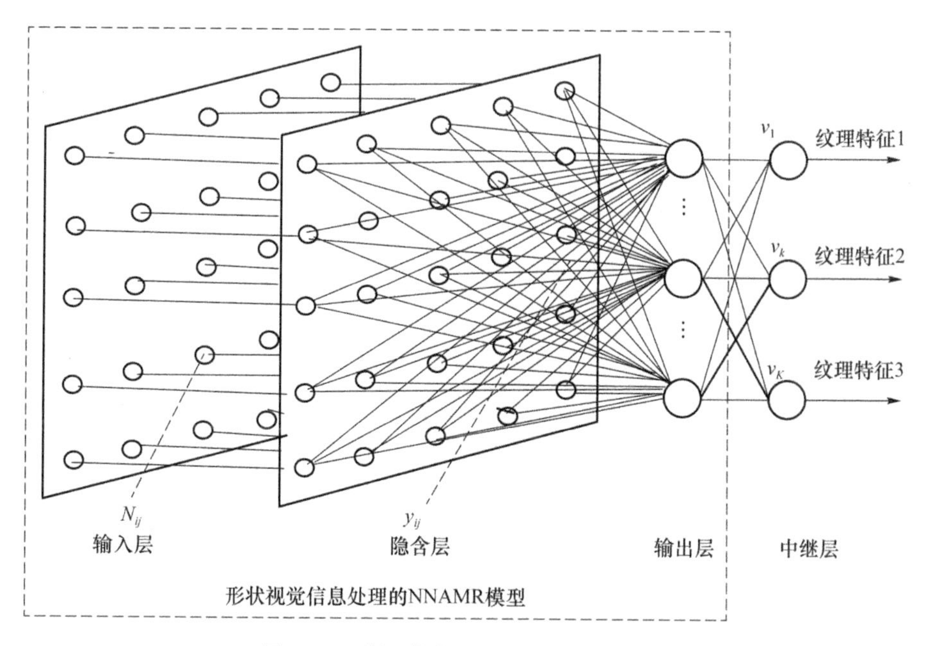

图 8.13　纹理信息处理的神经网络模型

训练采用竞争机制，只有与输入样本最匹配的权向量才能得到最强的调整，因此其结果势必使所有纹理样本都集中于某个神经元所代表的一个子类空间而无法达到分类的目的。本书解决这个问题的对策是，从 P 个输入样本中随机取出 m 个样本作为各神经元的初值，实践证明该做法不仅可解决上述问题，还使训练次数大大减少。

2. SOFM 网络结构设计

视觉信息处理系统模型从皮革图像中提取了 3 个颜色特征和 3 个纹理特征，该模型的输出层即为 SOFM 网络的输入层。输入模式为 6 维向量。聚类时每批 100 张皮，平均每件皮衣需要 5～6 张皮，因此将输出层设置 20 个神经元。每个神经元代表一类外观效果相似的皮料，如果聚为一类的皮料不够做一件皮衣，其可以和相邻类归并使用。

3. SOFM 网络参数设计

对于 SOFM 网络中两个随训练次数 t 下降的函数 $\eta(t)$和 $N_{j^*}(t)$的选择，目前尚无一般化的数学方法。本例对 $\eta(t)$采用了图 8.14 所示的模拟退火函数，表达式如下：

$$\eta(t)=\begin{cases}\eta_0, & t\leqslant t_p\\ \eta_0\left[\dfrac{1-(t-t_p)}{t_m-t_p}\right], & t>t_p\end{cases}$$

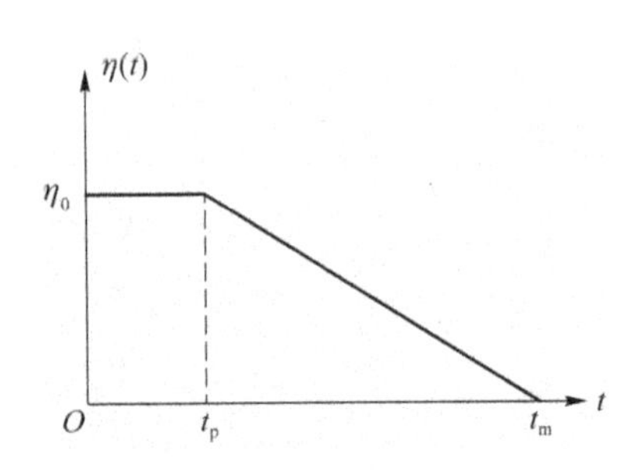

图 8.14　$\eta(t)$随训练次数 t 的变化

其中，t_p 为模拟退火的起始点，t_m 为模拟退火的终止点，$0<\eta_0\leqslant 1$。在网络训练初期，为了很快地捕捉到输入样本空间的大致概率结构，希望有较强的权值调整能力，因此当训练次数 $t\leqslant t_p$ 时，$\eta(t)$取得最大值 η_0。当训练次数 $t>t_p$ 时，$\eta(t)$均匀下降至 0 以精细调整权值，使之符合样本空间的概率结构。当网络神经元的权值与样本空间结构匹配后，所对应的训练次数为 t_m。t_p 可取为 t_m 的分数，如取 $t_p=0.5t_m$。对于稍微复杂一些的问题，SOFM 网络常常需要几万次的迭代训练次数。但在本例中 t_m 只有几千次，这是由于设计了合理的权重初值从而使训练次数大大减少。本例网络参数取 $\eta_0=0.95$，$t_m=3\ 000$，$t_p=1\ 500$。$N_{j^*}(t)$优胜邻域在训练开始时覆盖整个输出线阵，以后训练次数每增加 $\Delta t=\frac{t_m}{P}$，$N_{j^*}(t)$邻域两端各收缩一个神经元直至邻域内只剩下获胜神经元。

4. 配皮实验

用 SOFM 网络对 1 000 余张猪皮分 10 批进行配皮实验，请有经验的配皮工进行人工聚类，结果证明 SOFM 网络的聚类效果与人工分类效果相当。图 8.15 给出的直方图描述了某批 100 张猪皮在输出层的映射结果。

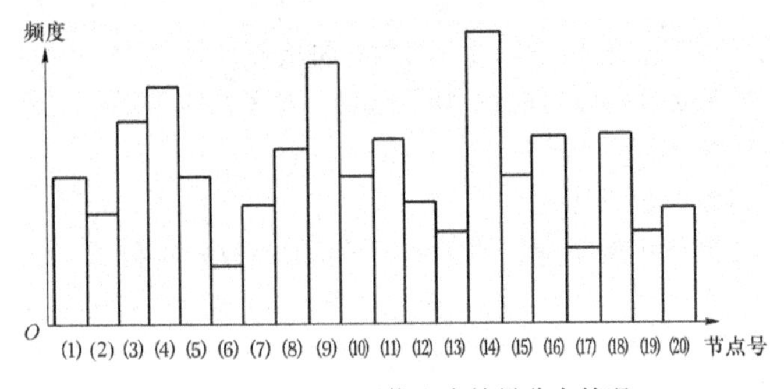

图 8.15　SOFM 网络配皮结果分布情况

8.3　三中枢自协调类脑模型在软件人建模中的应用

8.3.1 软件人的情感控制

本章参考文献[21]中提出一种基于三中枢自协调类脑模型的软件人情感控制研究方案。软件人是具有拟人智能的、生存并活动在计算机网络世界中的一类虚拟软件人工生命。作为生活在网络环境的虚拟“人”，除了要具备智能特性外，还需要具备情感特性。

情感控制是人工情感的一个重要研究内容。神经科学的研究结果表明：在人类进行推理和做出决策时，情感担当着重要的角色。软件人情感控制研究如何将情感对智能的控制作用应用于计算机，使其具有“情感”。

软件人的人工情感是心理学、生物学、行为学与计算机和机器人等学科相结合的产物，因此软件人情感控制的模型很难用单一的数学模型来完成。

1. 人工情感

人工情感是自然情感（特别是人的情感）的模拟、延伸和扩展。

智能意味着理智和才能，情感意味着情绪和感情。软件人的行为同时受到理智和情感的控制。理智和情感可能是协调的，也可能是矛盾的。理智和情感具有相互作用，在行为的决策过程中，理智可能影响情感，情感也可能影响理智。情感的智能控制作用既表现在情感对理智的控制作用，又表现在情感对行为的控制作用，如下所示：

理智＋情感＝行为

智能＝{理智，才能}

情感＝{情绪，感情}

情感与理智相互影响、相互制约。一方面，人的情感对人的理智水平有显著的影响，一个充满报复和仇恨情感的人在严重失意时，可能会丧失理智，伤害他人；而一个处在热恋中的人在对恋人的是非曲直进行判断时，往往智商很低。另一方面，人的理智对情感具有很强的约束作用，一个高度理智的人能够不惊、不乱、不迷，不偏听偏信，不利令智昏，不挺而走险。

情绪是指个体软件人自身的内部状态或群体软件人共同表现出来的一种情绪状态，与心理活动和生理状态有关，如喜、怒、哀、乐等，是软件人的需求得到满足或没有得到满足后产生的暂时性的、比较明显的心情变化。感情（如爱、恨、恩、仇等）与人的感觉、感性知识和形象思维有密切的关系，其情感强度比较强，且持续时间相对于情绪也比较长，情绪与感情二者之间既有联系又有区别。表情是情感的一种外在流露，如面部表情、身段表情和言语表情等，它具体表现为一个人的情感行为。

2. 情感控制

情感控制有着两方面的含义：一方面，要研究情感控制的理论方法和技术，即如何利用人工情感进行系统的控制与调节，设计和建造具有人工情感的控制与调节系统；另一方面，要研究如何控制情感问题，即研究对人工情感的强度和深度进行调节与控制的理论方法和技术。而情感又分为情绪和感情。一般来说，情绪是人内心的情感活动状态，如喜、怒、悲、恐等。感情是人与人之间单向或双向交流的情感状态，感情的产生以情绪的交流为辅助。因此，个体软件人的情感状态称为情绪，其相应的情感控制为情绪控制。

人既有理智又有情感，理智和情感共同支配和控制着人的问题处理、行为选择、动作表现等行为活动。从理论上来讲，人的行为既有纯理性的行为，也有纯感性的行为，但通常人的行为是理智和情感共同作用的结果。

情感控制属于人工情感研究的范畴。目前，人工情感的研究成果主要集中在情感识别和情感生成方面。情感控制研究的内容主要包括模型建立、系统设计、相关理论研究等，这些研究都还处于起步阶段。

8.3.2 基于三中枢自协调类脑模型的软件人情感控制模型

1. 软件人情感控制模型体系

从功能上来划分，软件人情感控制的模型体系由 3 个基本部分组成：感知模型、思维模型和行为模型。其结构如图 8.16 所示。

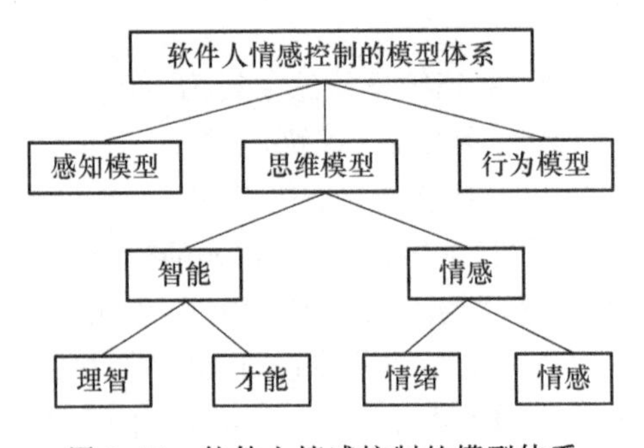

图 8.16 软件人情感控制的模型体系

(1) 感知模型是软件人感受外部环境和自身内部状态的模型，在功能上相当于人的手、脚、嗅觉、触觉、视觉等。感知模型的主要功能是感受软件人的外部环境与自身内部状态的信息。

(2) 行为模型指产生软件人的面部表情、体态表情、语言等行为的模型，在功能上相当于人的面部表情、体态表情、语言等行为。行为模型的主要功能是根据思维模型的决策来采取行为。

(3) 思维模型在软件人情感控制体系中扮演着人脑的角色，在功能上也具有人脑的功能。情感和智能都属于人脑的机制，是思维模型功能的两个重要组成部分，软件人的一切行为决策都是由思维模型来完成的。思维模型是软件人情感控制体系中的核心部分。思维模型的主要功能如下：整合感知模型感受到的信息；根据感觉信息进行决策并选择采取何种行为；将决策结果传递给行为模型。

2. 感知模型、思维模型、行为模型之间的关系

感知模型、思维模型、行为模型 3 个模型之间的关系如图 8.17 所示。

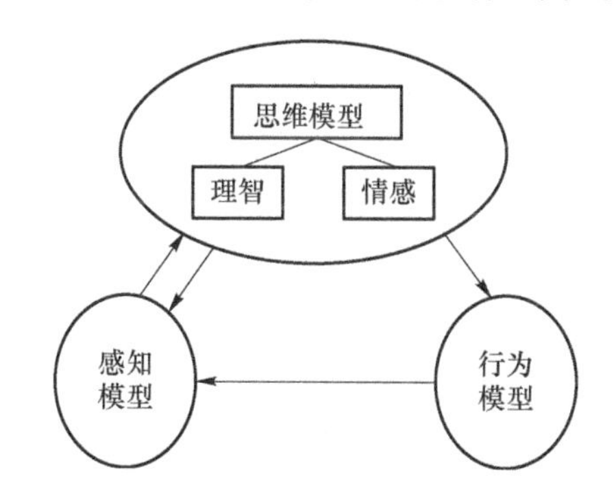

图 8.17　感知模型、思维模型和行为模型的关系

软件人的感知模型感知自身内部状态与外界环境的信息；思维模型中的理智与情感根据感知信息决策出所采取的行为；行为模型产生或生成行为，该行为通过感知模型可影响软件人的思维状态。

3. 思维模型与行为模型的关系

思维模型由理智和情感构成，而行为模型主要生成或产生行为。因此，思维模型与行为模型之间的关系可以转换为情感、理智与行为的关系。

如图 8.18 所示，软件人的行为同时受到情感和理智的控制，而理智和情感之间也彼此影响。

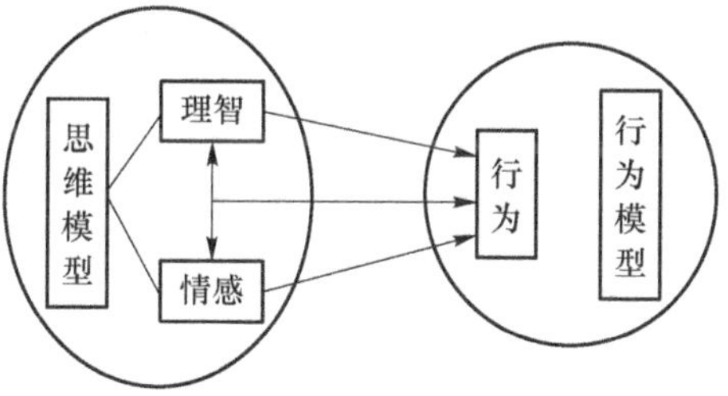

图 8.18　思维模型和行为模型的关系

(1) 情感→行为:行为受情感支配。

情感占据着人类精神世界的核心地位,社会生物学家曾经指出,人类在危机时刻时,情感所发挥的主导作用远高于理智。

(2) 理智→行为:行为受理智支配。

(3) 情感+理智→行为:行为受理智和情感共同控制。

在真实世界人的现实生活中,人的意图产生、决策制定、问题处理、行为选择、动作表现等同时受到理智和情感的支配和控制,往往是理智和情感二者相互作用的结果。

在一般情况下,人类的选择和行为都受情感的影响,理智的控制作用远不如情感的控制作用,这个结论已经被许多科学家证实。当人们面临挫折、失败和危险的时候,仅靠理智是不足以解决问题的,它还需要情感作为引导。

4. 软件人情感控制的广义模型

由上述内容可知,软件人的情感控制模型难以用单一的数学模型来表示,它需要借助于知识模型和关系模型。因此需采用《大系统控制论》提出的广义模型化的方法,建立描述软件人情感控制的广义模型。

STB 模型为软件人情感控制的广义模型:

$$\mathrm{STB}=<\mathrm{SM},\mathrm{TM},\mathrm{BM}>$$

其中,SM 表示感知模型(sense model);TM 表示思维模型(thinking model);BM 表示行为模型(behavior model)。

理智、情感和行为是 STB 模型中最主要的 3 个要素。在软件人情感控制研究中,理智和情感属于思维模型研究范畴,行为属于行为模型研究范畴。

本章小结

本章阐述了三中枢自协调类脑系统在烟叶分级系统、皮革智能配皮系统以及软件人建模中的应用情况。其中,本章重点对三中枢自协调类脑模型在烟叶分级系统中的应用进行了较详细的分析和讨论,对不同的技术方案进行了对比分析,并给出基于三中枢自协调类脑模型的烟叶智能分级系统的实验结果。

本章参考文献

[1] 周文,韩力群. 计算机图像处理技术在烤烟烟叶形状特征提取中的应用[J]. 烟草科技,2000(1):12-13.

[2] 韩力群,周文. 基于图像处理技术的烤烟烟叶质量检测研究[J]. 自动化学报,2000(增刊B):178-181.

[3] 闫瑞琼,韩力群. 计算机技术在烟叶检测与分级领域的应用[J]. 烟草科技,2001(3):13-15.

[4] 中国烟叶生产购销公司.烤烟分级国家标准培训教材[M].北京:中国标准出版社,2004.

[5] 香料烟系列国家标准应用指南:GB599.1—2000、GB/T5991.2—5991.3—2000[S].北京:中国标准出版社,2000.

[6] 张建平. 计算机视觉在烟草行业中的研究及应用展望[J]. 烟草科技,1998(2):22-23.

[7] Thomas C E. Techniques of image analysis applied to the measurement of tobacco and relatedproducts [C]//42nd Tobacco Chemists' Research Conference. 1988.

[8] Maccormac J K M. On-line image processing for tobacco grading in zimbabwe[C]//IEEE International Symposium on Industrial Electronics Conference Proceedings. Budapest:IEEE,1993.

[9] Cho H K. ,Paek K H. , Feasibility of grading dried Burley tobacco leaves using machine vision[J]. Journal of the Korean society for agricultural machinery, 1997, 22(1): 30-40.

[10] 张建平. 数字图像处理在农产品质量检测中的应用-烟叶质量的自动分级[D].镇江:江苏理工大学,1994.

[11] 张建平,等. 农产品质量的计算机辅助检验与分级(第Ⅰ报)烟叶外观品质特征的定量检验[J].农业工程学报,1996 (12):158-162.

[12] 张建平,等. 农产品质量的计算机辅助检验与分级(第Ⅱ报)烟叶自动分级模型的建立与训练[J]. 农业工程学报, 1997(13):180-183.

[13] 韩力群,等. 烤烟烟叶分组模型研究[C]//2001年中国科协学术会议论文集.2001.

[14] 韩力群,等. 烤烟烟叶自动分级的智能技术[J].农业工程学报,2002(6):173-175.

[15] 张惠民, 韩力群,等. 基于图像特征的烟叶分级[J].武汉大学学报,2003(3):359-361.

[16] Zhang H M, Han L Q. A fuzzy classification system and its application [C]//The Second International Conference on Machine Learning and Cybernetics.2003:2582-2586.

[17] 张帆, 张新红,等. 模糊数学在烟叶分级中的应用[J]. 中国烟草学报.

2002,8(3):44-48.
[18] 韩力群,等. 基于拟脑智能系统的烤烟烟叶计算机分级系统研究[J]. 农业工程学报,2008,24(7):137-140.
[19] Han L Q. Recognition of the part of growth of flue-cured tobacco leaves based on support vector machine[C]//2008 7th World Congress on Intelligent Control and Automation. Chongqing:IEEE,2008.
[20] 科技查新报告(编号:20051100100052),烤烟烟叶品质因素智能检测与分级系统[R]. 查新机构:中国科学技术信息研究所,2005.
[21] 曾广平,涂序彦,王洪泊."软件人"研究及应用[M]. 北京:科学出版社,2007.
[22] Wei Y G, et al. Research of intelligence visual automonus navigation system which based on artificial brain model[C]//Proceeding of ICHS 2008. Beijing:[s. n.],2008.